OLIVIER DE SERRES

Le Théâtre d'Agriculture et Mesnage des Champs

DU DEVOIR

DU

MESNAGER

OU

L'ART DE BIEN COGNOISTRE ET CHOISIR LES TERRES

NOUVELLE ÉDITION CONFORME AU TEXTE

PRÉCÉDÉE D'UNE NOTICE SUR OLIVIER DE SERRES

PAR P. FAVRE

PARIS
LIBRAIRIE AGRICOLE
DE ANDRÉ SAGNIER,
Carrefour de l'Odéon, 7.

NIORT
IMPRIMERIE DE L. FAVRE,
Rue Saint-Jean, 6.

THÉATRE D'AGRICULTURE

D'OLIVIER DE SERRES

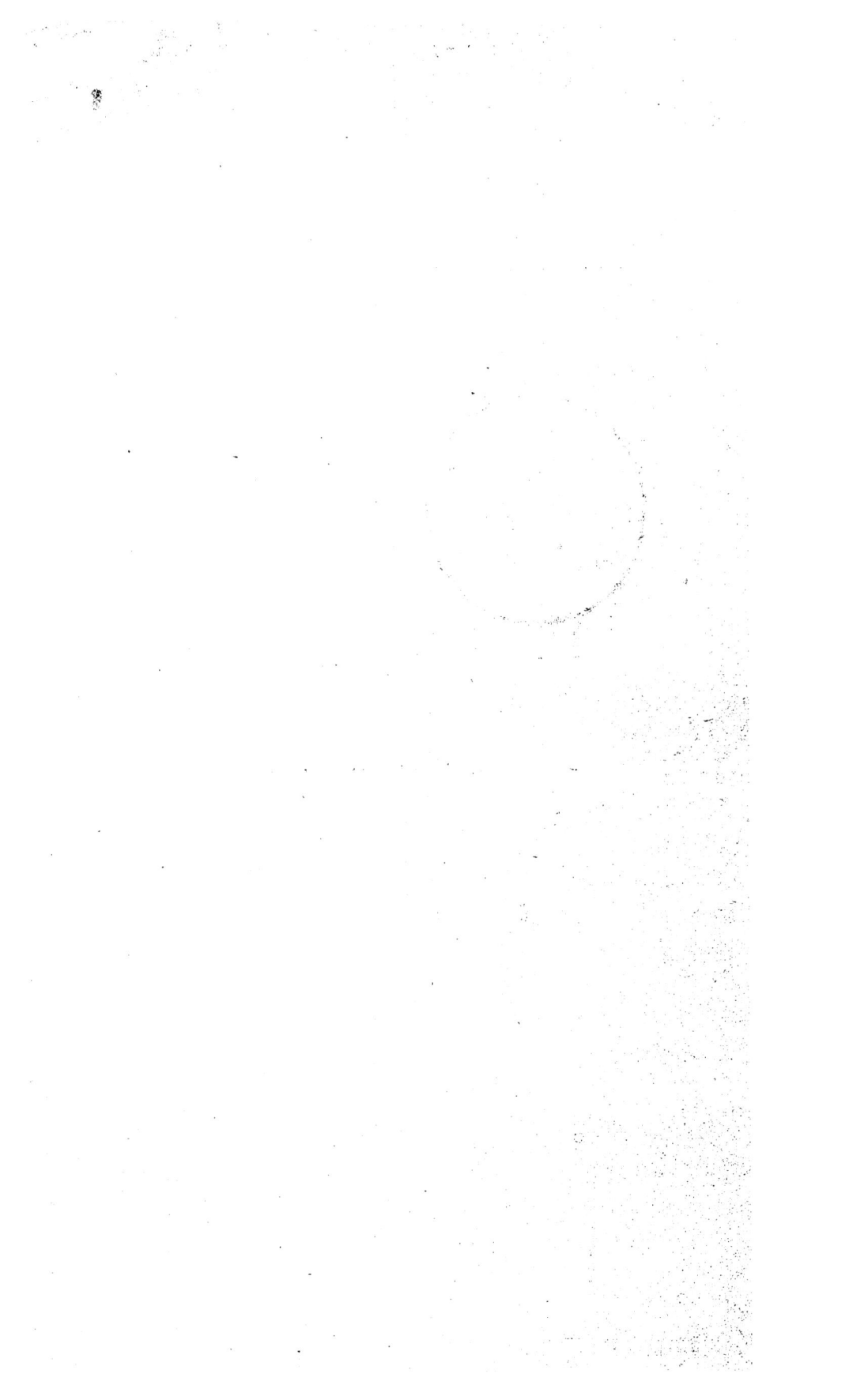

OLIVIER DE SERRES

Le Théâtre d'Agriculture et Mesnage des Champs

DU DEVOIR
DU
MESNAGER
OU
L'ART DE BIEN COGNOISTRE ET CHOISIR LES TERRES

NOUVELLE ÉDITION CONFORME AU TEXTE

PRÉCÉDÉE D'UNE NOTICE SUR OLIVIER DE SERRES

PAR P. FAVRE

PARIS
LIBRAIRIE AGRICOLE
DE ANDRÉ SAGNIER,
Carrefour de l'Odéon, 7.

NIORT
IMPRIMERIE DE L. FAVRE,
Rue Saint-Jean, 6.

NOTICE

SUR

OLIVIER DE SERRES

SEIGNEUR DU PRADEL.

Le nom d'Olivier de Serres est resté longtemps dans l'oubli. Il a cependant été entouré, à la fin du XVIᵉ et au commencement du XVIIᵉ siècle, d'une haute considération. De nos jours, on semble vouloir réparer cette injuste indifférence. On sait vaguement qu'il existait dans le Vivarais, il y a deux ou trois cents ans, un gentilhomme qui négligea les armes pour s'adonner à la culture des terres, et qui déposa ses observations dans un livre dont beaucoup de gens parlent mais que bien peu ont parcouru. On désire cependant connaître ce livre, mais il est si volumineux qu'on trouve difficilement le temps de le parcourir et encore moins de le lire. Nous avons cherché à le rendre plus accessible aux lecteurs, tout en respectant le texte, mais en ne publiant que les parties qui offrent un intérêt réel et qui méritent d'être consultées avec fruit.

Notre premier soin a été d'élaguer tout le fatras de notes et de pièces inutiles dont l'édition de l'an XII a été surchargée. Puis il existe certains chapitres qui peuvent, sans inconvénient, ne pas être reproduits. C'est la marche que nous avons suivie et qui nous permettra de publier successivement les ouvrages d'Olivier de Serres. Chaque année nous donnerons un nouveau livre du seigneur du Pradel (1), et nous contribuerons ainsi à répandre un livre qui doit trouver place dans toutes les bibliothèques des agronomes, à côté des œuvres de Mathieu de Dombasle et de Jacques Bujault.

La vie d'Olivier de Serres s'est passée sans bruit, sans éclat, comme toutes les existences utiles, honnêtes et vraiment providentielles, qui s'écoulent loin du monde, dans ce grand laboratoire des champs, où Dieu permet à un œil observateur de saisir les mystérieux secrets de la végétation. Presque toutes les biographies gardent le silence sur le nom d'Olivier de Serres. Qu'avait donc fait cet homme pour qu'on arrachât son nom de l'oubli ? Il avait cultivé ses terres comme le plus mince bourgeois de campagne, il s'était occupé de l'élève des bestiaux comme un petit fermier, et il avait veillé à sa basse-cour et aux détails du ménage comme une simple chambrière. Vraiment, il eut été étrange de placer un tel homme à côté de ces vaillants capitaines qui ont toujours eu l'épée au poing, ou de ces gens qui se sont rendus célèbres par d'épouvantables forfaits ! Le mieux était de n'en pas parler ; c'est ce qui a eu lieu pendant longtemps. Mais heureusement qu'on n'écrit plus les biographies à ce point de vue, et que notre siècle, plus juste, sait se montrer reconnaissant envers les bienfaiteurs de l'humanité. Nous allons donc essayer de tracer à larges traits la biographie de cet agriculteur, une des gloires les plus pures de la France.

Olivier de Serres, fils de Jean de Serres, seigneur du Pradel et de Louise Leyris, naquit vers 1539 dans la partie du Vivarais qui, aujourd'hui, forme le département de l'Ardèche. Bien qu'il possédât quelques terres au bourg

---

(1) Les éditeurs du *Nouveau Journal d'Agriculture* publieront tous les ans un ou deux livres du *Théâtre d'Agriculture*, d'Olivier de Serres.

de Saint-Andréol, on peut assurer que son pays natal était Villeneuve-de-Berg. Du reste, sa maison était encadastrée dans le compoix de cette ville; son fief du Pradel, qu'il cultivait, n'en était éloigné que d'une demilieue; sa femme, Marguerite d'Arçons, en était originaire, et son fils Daniel du Pradel y exerçait, en 1611, la profession d'avocat.

Il eut pour frère Jean de Serres, savant historien qui reçut de Henri IV le titre d'historiographe de France.

Certaines parties de la vie d'Olivier de Serres sont très obscures. Il vécut au milieu des dissensions religieuses, entre les protestants et les catholiques. Y prit-il part? Quelques historiens l'affirment.

Dans l'histoire du président de Thou, nous trouvons que les protestants ayant été chassés de Villeneuve-de-Berg vers 1572, ils se réfugièrent au Pradel; et de là à Mirabel, d'où ils résolurent de reprendre la place qu'ils venaient de perdre. Un serrurier offrit à de Serres de rompre les treillis d'un égoût par lequel les troupes pourraient pénétrer dans la ville. Les espions donnèrent l'éveil à Logières, qui fit illuminer, pendant toute la nuit, la ville où il commandait. Les protestants, voyant de loin ces feux, se crurent trahis, et restèrent longtemps indécis. Logières, supposant une fausse attaque, se retira dans sa maison pour prendre du repos. Les protestants, profitant de son erreur, pénétrèrent dans la ville et mirent tout à feu et à sang.

De Thou a puisé ces détails dans les *mémoires de l'Etat de la France sous Charles IX*, et d'Aubigné, dans son *histoire universelle*, affirme que du Pradel était l'auteur du *Théâtre d'agriculture*. C'est là une erreur; il est aujourd'hui démontré que l'on confond Olivier de Serres, sieur du Pradel, avec un capitaine Pradel ou la Pradelle qui, en 1573, exerça sur les prêtres d'un synode du Vivarais, de terribles représailles.

L'existence calme et tranquille d'Olivier de Serres, les mœurs douces dont lui-même se loue dans la préface de son *Théâtre d'agriculture*, et surtout les félicitations qu'il s'adresse d'avoir les mains pures de sang, sont autant de preuves certaines qu'il ne prit aucune part aux massacres de Villeneuve-de-Berg.

Rien, donc, ne constate qu'il combattit dans les rangs des calvinistes. Tout ce que l'on sait d'une manière certaine, c'est qu'il se retira fort jeune encore dans son domaine du Pradel, où il s'occupa de la culture des champs et de toutes les questions agronomiques qui, alors, étaient si négligées.

Ce fut dans cette terre, qu'après quarante ans d'expériences et d'observations, il publia son THÉATRE D'AGRICULTURE. Ce livre, dédié à Henri IV, parut en 1600, et malgré l'indifférence du temps pour tout ce qui concernait les travaux des champs, il eut un grand nombre d'éditions successives. Nous voyons qu'il avait atteint la vingtième édition en 1675. Puis à cette époque il cessa d'être réimprimé. On a cherché à expliquer ce délaissement immérité par la réaction qui s'établit contre tout ce qui appartenait au parti protestant ; mais ne serait-il pas plus juste d'attribuer cette indifférence au dédain que le siècle de Louis XIV portait à l'agriculture ? Le grand roi aimait la nature, mais soumise à des règles fixes, à sa volonté et à ses caprices. Il lui fallait des La Quintinie, des Lenôtre, pour tracer ses jardins, et non des Olivier de Serres, pour le conduire dans des champs labourés, dans des pâtis, à travers des chemins boueux, où ses courtisans eussent perdu leurs talons rouges. Loin de chercher à engager les seigneurs à s'occuper de la culture de leurs terres ou à vivre dans leurs châteaux, au milieu de leurs fermiers, le grand roi témoignait beaucoup d'humeur à ceux qui ne se montraient pas assidûment à Versailles.

Voilà le principal motif de l'oubli dans lequel tomba subitement le *Théâtre d'Agriculture*. Notre siècle a réparé cet injuste dédain. Le nom d'Olivier de Serres est dans toutes les bouches des agriculteurs ; mais il ne suffit pas de l'admirer, sur affirmation, il faut le lire et le connaître. Au premier abord, son langage paraît un peu étrange, mais c'est la vieille langue de nos pères, et une légère attention suffit pour en faire saisir le sens et, disons-le, les beautés. Le tour de la phrase est naïf, original et les expressions possèdent cette vivacité et ce pittoresque qui nous rappellent les pages d'Amyot et de Montaigne.

Olivier de Serres eut la satisfaction, pendant son existence, de voir que ses contemporains appréciaient ses ouvrages. Joseph Scaliger dit que Henri IV se faisait lire, après dîner, le *Théâtre d'Agriculture*. Voici comment le célèbre critique raconte ce fait, tout à l'honneur de Henri IV et de l'agriculteur du Vivarais :

« L'agriculture d'OLIVIER DE SERRES est fort belle ; elle est dédiée au roi, lequel trois ou quatre mois durant, se la faisoit apporter après disner, après qu'on la lui eut présentée ; il est fort impatient, et si, il lisoit une demi-heure. » (Scaliger adit. ij, page 306.)

Nous retrouvons bien là le caractère de Henri IV, qui songeait par-dessus tout au développement de l'agriculture et au bien-être des habitants de la campagne. Olivier de Serres lui permettait de caresser son rêve favori de la poule au pot pour tous, le dimanche ; mais il eut fallu des milliers d'Olivier de Serres, et l'époque ne lui en a donné qu'un seul. Nous nous trompons, il en eut un autre qui fut Sully, ce grand homme qui disait que labourage et pâturage sont les deux grandes mamelles de la France.

Henri IV ne se contenta pas de lire les ouvrages d'Olivier de Serres, il le fit appeler et le consulta. Il écrivit de Grenoble, le 27 septembre 1600, à *noble* Olivier de Serres, *seigneur du Pradel*, pour le prier d'assister un de ses envoyés. Voici le texte de cette lettre :

« M. du Pradel, vous entendrez par le sieur de Bor- « deaux, par les mains duquel vous recevrez la présente, « l'occasion de son voyage dans vos quartiers, et ce que « je désire de vous. Je vous prie donc de l'assister en la

« charge que je lui ai donnée ; et vous me ferez service
« très-agréable. Sur ce, Dieu vous ait, M. du Pradel, en
« sa garde. Ce 27 septembre, à Grenoble. *Signé*, *Henri.* »

Il s'agissait de la culture du mûrier en France, et
Henri IV demandait à ce sujet des conseils au seigneur
du Pradel, qui s'empressa d'adresser un rapport sur
cette question.

Afin de donner l'exemple de la culture du mûrier,
le roi voulut que ces arbres fussent placés « par tous
« les jardins de ses maisons. Et, pour cest effect, dit
« Olivier de Serres, l'année ensuivant, que sa majesté
« fit le voyage de Savoye ; elle envoya en Provence,
« Languedoc, et Vivares, monsieur de Bordeaux, baron
« de Colonces, sur-intendant général des jardins de
« France, seigneur rempli de toutes rares vertus : et, par
« ceste mesme voye, le roi me fit l'honneur de mescrire,
« pour m'employer au recouvrement desdits plants, où
« j'apportai telle diligence que au commencement de l'an
« six cens un (1601), il en fut conduit à Paris, jusques au
« nombre de quinze à vingt mil. Lesquels furent plantés,
« en divers lieux dans les jardins des Tuileries, où ils se
« sont heureusement eselevés…. Et pour d'autant plus
« accélérer et avancer ladicte entreprinse, et faire co-
« gnoistre la facilité de ceste manufacture, sa majesté fit
« exprès construire une grande maison au bout de son
« jardin des Tuileries à Paris, accommodée de toutes
« choses nécessaires, tant pour la nourriture des vers,
« que pour les premiers ouvrages de la soye…. Voilà le
« commencement de l'introduction de la soye au cœur
« de la France. »

Ainsi, ce fut d'après les avis de ce célèbre agriculteur
que le jardin des Tuileries fut planté en mûriers blancs
et qu'on y construisît un bâtiment pour l'éducation des
vers à soie. C'est aussi à lui qu'on dût les plantations de
mûriers faites dans les généralités de Paris, d'Orléans, de
Tours et de Lyon. Non-seulement il fit cultiver les
mûriers pour l'élève des vers à soie, mais il montra qu'il

était possible de filer l'écorce de cet arbre et d'en confectionner de belles étoffes ou d'en faire du papier.

Les ouvrages d'Olivier de Serres sont :

1° La *Cueillette de la Soie*, publiée en 1599 ;
2° Le *Théâtre d'Agriculture*, publié en 1600 ;
3° La *seconde Richesse du Mûrier blanc*, publiée en 1603.

Le *Théâtre d'Agricutlure* est le principal ouvrage d'Olivier de Serres ; c'est celui qui a fait sa réputation et qu'aujourd'hui encore on lit avec beaucoup de fruit. C'est une véritable encyclopédie agricole qui renferme une immense quantité de faits, de principes et d'observations, classés avec ordre et exposés d'une manière attachante pour l'esprit. Comme Henri IV, il faut le lire et le relire, afin de n'en rien perdre et de s'assimiler tous les bons conseils qu'il renferme.

Le *Théâtre d'Agriculture* est divisé en huit livres que l'auteur appelle *Lieux*. En tête de chaque *Lieu*, il place un tableau des matières qu'il traite : les sous-divisions de ces tableaux donnent les titres des chapitres.

Cette méthode permet de saisir d'un coup d'œil les détails et l'ensemble de chaque *Lieu* ou Livre. Elle facilite, en outre, la rapidité des recherches.

Les sous-divisions sont au nombre de cent dix ; elles concernent les terres ; les manières de les faire valoir ; les labours ; les engrais ; les récoltes ; les grains et leur conservation ; les vignes : les vins et les autres boissons ; les soins à donner aux animaux domestiques ; l'élève des abeilles et des vers à soie ; la culture des jardins ; la plantation des arbres ; l'entretien des prairies naturelles ; la création des prairies artificielles.

Ces sous-divisions contiennent, en outre, des renseignements sur les eaux ; les bois ; les bâtiments ruraux ; les aliments ; les remèdes pour les maladies des hommes et des animaux ; la chasse ; la pêche, etc.

Toutes ces matières sont traitées avec un véritable art.
On sent partout que l'auteur est un ami de la nature, et
que s'il fait un livre c'est pour communiquer ses impres-
sions et faire partager aux autres l'amour qu'il éprouve
pour la terre, cette grande nourricière du genre humain.
Son style est vif, rapide et semé de proverbes ou de ré-
flexions justes et piquantes. Un de nos grands agronomes
modernes, Jacques Bujault, n'a pas dédaigné les proverbes, afin de populariser de bonnes idées agricoles.

Ne quittons pas le *Théâtre d'Agriculture* sans remarquer qu'Olivier de Serres avait conseillé les prairies artificielles, genre de culture qu'on nous présente comme
une idée moderne et que notre célèbre agriculteur pré-
conisait dès le commencement du XVIIe siècle.

Il paraît que dans sa jeunesse, Olivier de Serres et son
frère, Jean de Serres, furent obligés de s'expatrier. Ils
allèrent à Berne. Ces voyages forcés furent instructifs
pour eux. Jean de Serres y traduisit Platon; quant à Olivier, on voit dans plusieurs passages de son *Théâtre
d'Agriculture*, que toutes ses courses avaient été profitables à ses études. Aussi parle-t-il en observateur éclairé
de la fameuse orangerie d'Heidelberg, où, malgré le climat, de beaux arbres des tropiques étaient en pleine
terre, et quand l'hiver approchait on les couvrait de char-
pente (*Lieu* VI, chap. XXVI) A Lille, l'intendant de Flandre
suivit ces indications et obtint un plein succès.

Olivier devait avoir d'autres notes sur ses voyages,
mais elles ne sont pas parvenues jusqu'à nous. Ce que
nous savons, c'est qu'indépendamment de ses ouvrages
imprimés il en gardait en portefeuille, qu'il avait l'intention de publier comme un supplément à son *Théâtre d'a-
griculture*. Il se proposait de donner un traité spécial sur
les parcs, pour la chasse en grand (*Lieu* V, chap. XII). Il
regrettait de s'être pressé et de n'avoir pas eu le loisir
d'ajouter, au chapitre sur les devoirs de la mesnagère,
« l'appareil journalier des vivres, pour monstrer, dit-il, à
nostre mère de famille, ceste partie de cuisine, les confi-

tures, tant requise à l'ornement de sa maison »(*Lieu* VIII, chap. II).

Il promettait en outre un ouvrage important: *Le traitté de l'architecture rustique,* « pour donner des avis aux « pères de famille à se bien bastir aux champs, selon le « vrai art, avec commodité et espargne ; là, continue-t-il, « où je n'oublierai, Dieu aidant, de représenter la menui- « serie requise à la maison, pour les meubler ainsi qu'il « appartient. (*Lieu* VIII, chap. III.) »

Il désirait encore parler des *moulins à moudre les blés,* « du divers naturel des pierres dont les meules sont faic- « tes selon les pays ; de leur artifice à eau, à vent, à « bras. » (*Lieu* VIII, chap. I, art. *Pain*), et il pouvait en parler avec expérience, car il avait fait creuser au Pradel, pour conduire l'eau de son aqueduc à ses moulins, un canal qui reproduisait sur un petit modèle le canal de Craponne.

Voilà quels étaient les ouvrages que préparait Olivier de Serres, et dont nous devons regretter la perte. Olivier était alors trop âgé pour les publier; quand le couteau de Ravaillac le priva de son protecteur ; néanmoins, ces traités nous montrent que le célèbre agronome embras- sait, dans son ensemble, tout ce qui a rapport au ménage des champs, et ce qui, en outre, donne plus de poids à ses ouvrages, c'est qu'il joignit la pratique à la théorie. Aussi, son domaine du Pradel était un modèle de culture.

Il faut reconnaître que les étrangers furent plus justes envers Olivier de Serres que les Français. Ce fut un Ecossais, Patullo, auteur d'un *Essai sur l'amélioration des terres,* publié en 1758, qui soutint qu'Olivier de Serres avait fait opérer de grands progrès à l'agriculture, sous Henri IV. Le célèbre Haller, le Linné, de la Suisse, parle d'Olivier de Serres avec admiration. Il dit que le *Théâtre d'Agriculture* « est un grand et bel ouvrage, sorti « de la plume d'un homme qui parle d'après son expé- « rience, qui aime les moyens simples, et qui ne cherche « pas des artifices dispendieux. » Haller n'oublie pas de rappeler qu'Olivier de Serres est le premier agronome qui ait parlé de la pomme de terre et qui ait montré tous les avantages qu'on pouvait retirer de cette plante, nouvellement apportée d'Amérique. Parmentier n'a fait que réaliser la pensée d'Olivier de Serres, qui considérait la pomme de terre comme une conquête bien plus précieuse que l'or du Pérou.

Mais ce fut surtout l'agriculteur anglais Arthur Young qui, lors de son voyage agronomique en France, se montra plein d'enthousiasme pour Olivier de Serres. Il ne voulut pas quitter notre pasy sans aller au Pradel, afin de visiter l'ancien domaine de l'illustre agriculteur français. Voici en quels termes chaleureux, sortis d'un grand cœur, il décrit son pèlerinage à la terre du Pradel :

« Arrivé à Villeneuve-de-Berg, le 20 Août 1789, je « demandai, dit-il, où l'on pouvoit trouver, dans ce pays, « Pradelles, dont étoit seigneur OLIVIER DE SERRES, écrivain « fort célèbre sur l'agriculture, pendant le règne « d'Henri IV. On me montra, sur-le-champ, de la chambre « où nous étions, la maison qui lui appartenoit dans Vil- « leneuve, et l'on m'informa que Pradelles étoit à une « lieue de la ville. Comme c'étoit un objet dont j'avois « pris note avant que de venir en France, cela me donna « beaucoup de satisfaction. *M. de la Boissière*, avocat- « général au parlement de Grenoble, qui a traduit *Sterne* « en françois, vint me trouver, et, comme je paroissois « m'intéresser fort à OLIVIER DE SERRES, offrit d'aller avec « moi à Pradelles. C'étoit une chose que je désirois avec « trop d'ardeur pour la refuser, et j'ai passé peu d'après- « midi plus agréablement. Je contemplai la résidence du « père de l'agriculture françoise (qui étoit, sans contredit, « un des premiers écrivains sur ce sujet, qui eût encore « paru dans le monde), avec cette espèce de vénération, « qui ne peut être sentie que par ceux qui se sont forte- « ment adonnés à quelque recherche favorite, et qui se « trouvent, dans de pareils momens, satisfaits de la « manière la plus délicieuse.

« Qu'il me soit permis (c'est toujours *Arthur Young*
« qui parle d'OLIVIER DE SERRES), qu'il me soit permis
« d'honorer sa mémoire deux cents ans après sa mort !
« C'étoit un excellent cultivateur et un vrai patriote, et
« Henri IV ne l'auroit pas choisi comme son principal
« agent dans le grand projet d'introduire la culture de la
« soie en France, s'il n'avoit pas joui d'une grande répu-
« tation, bien méritée, sans doute, puisque la postérité
« l'a confirmée. Le temps où il pratiquoit l'agriculture
« est trop éloigné pour que l'on puisse donner autre
« chose qu'une esquisse de ce que l'on supposoit être sa
« ferme. Le fond du sol est de pierre à chaux; il y a un
« grand bois de chênes près du château, et plusieurs
« vignobles avec nombre de mûriers, dont quelques-uns,
« en apparence, assez vieux pour avoir été plantés de la
« main de ce vénérable génie, qui a rendu ce sol classi-
« que. La terre de Pradelles, qui rapporte environ cinq
« mille livres de rente, appartient à présent au marquis
« de Mirabel, qui l'a héritée du côté de sa femme, comme
« descendante de DE SERRES. Je souhaiterois (continue
« encore *A. Young*) qu'elle fût, pour toujours, exempte
« d'impôts. Celui dont les écrits ont jeté les fondemens de
« l'amélioration d'un royaume, devroit laisser à la posté-
« rité quelques marques de la reconnoissance de ses
« compatriotes. Quand on montra au présent évêque de
« Sisteron la ferme de DE SERRES, il dit que la Nation
« auroit dû élever une statue à sa mémoire. Ce sentiment
« n'est pas sans mérite, quoique ce ne soit qu'une expres-
« sion ordinaire. »

Ce que ne dit pas Arthur Young, mais ce qu'un historien a recueilli à sa louange, c'est que cet Anglais, dès
qu'il aperçut de loin une vieille tour du temps d'Olivier
de Serres, descendit de cheval et salua avec respect ce
monument, qui avait servi d'habitation au grand agriculteur dont il venait honorer la mémoire.

Saluons nous aussi, avec respect et reconnaissance,
cet étranger, qui venait du fond de son île, à l'époque où

les voyages étaient si pénibles et si difficiles, pour rendre hommage au père de l'agriculture française.

C'était le moment où le réveil s'opérait pour le nom d'Olivier de Serres. Nous voyons que l'évêque de Sisteron réclamait une statue pour le seigneur du Pradel. (Hélas! Jacques Bujault n'en a pas même encore une dans son pays!) A cette époque, M. de Secondat, fils de l'illustre Montesquieu, se faisait une gloire de savoir par cœur les ouvrages d'Olivier de Serres. L'abbé Rozier a cité plusieurs fois Olivier de Serres dans son grand dictionnaire sur l'agriculture. Il eut l'idée même de donner une nouvelle édition du *Théâtre d'Agriculture*, mais la mort l'empêcha de réaliser ce projet.

Ce ne fut qu'en 1804 que la Société d'Agriculture de la Seine publia les œuvres d'Olivier de Serres, en deux énormes volumes in-4°, surchargés de notes inutiles et de pièces de vers qui n'ont d'intérêt qu'au point de vue bibliographique. Ce fut cependant un hommage rendu à la mémoire du seigneur du Pradel, et à ce titre nous devons savoir gré à la Société d'Agriculture de la Seine de cette publication.

La terre du Pradel est située dans la plaine, où se terminent au midi les coteaux qui descendent graduellement de la montagne volcanique du Coiron. Une petite rivière la sépare du territoire de Villeneuve-de-Berg. Si nous nous en rapportons aux amis d'Olivier de Serres qui ont chanté le Pradel en vers latin et français, c'était une charmante maison de campagne, dont les beaux jardins étaient arrosés par des eaux vives. Cependant il fallait, dans ces temps de troubles, songer à la sécurité, et un château fortifié, entouré de hautes murailles protégées par un large fossés, permettait de se mettre à l'abri des attaques de l'ennemi.

Ce fut dans cette terre du Pradel que le patriarche de l'agriculture française s'éteignit doucement, le 12 juillet 1619, à l'âge de 80 ans. Il avait épousé, à 20 ans, Marguerite d'Arçons, et il avait eu sept enfants, quatre fils et trois filles.

Quelques années après sa mort, le château du Pradel fut pris et rasé. Il ne resta debout qu'une seule tour, qui existe encore.

En 1804, M. Cafarelli, alors préfet de l'Ardèche, fit ériger, sur la place publique de Villeneuve-le-Berg, un obélisque surmonté du buste d'Olivier de Serres. C'est le seul monument élevé pour rappeller les services rendus à son pays par ce grand agriculteur, qui, dans la préface du *Théâtre d'Agriculture*, songeant à ses immenses travaux, disait avec une certaine tristesse : « Qui peut nier « que ceux qui ont escrit les premiers, n'ayent beaucoup « faict, seulement en monstant le chemin, et rompant la « glace aux autres ? »

Olivier pressentait déjà qu'on ne lui rendrait pas toujours la justice qu'il méritait à tant de titres. Mais si sa gloire a été éclipsée pendant un siècle, elle n'en brille qu'avec plus d'éclat de nos jours.

PAUL **FAVRE**.

AU ROI.

Sire',

Ces excellens et héroïques tiltres, de Restaurateur et
Conservateur de son Royaume, que Vostre Majesté s'est
glorieusement acquis par la Paix générale, sont les effects
de vos saincts vœux et souhaits ; et des graces particulières
dont Dieu vous a orné et décoré : qui ayant béni vos laborieux travaux, vous a donné ce contentement, que de venir
à bout de si grande œuvre, contre l'attente de tout le
monde, à l'honneur de vostre fleurissant nom, et très-grand
profit de vostre Peuple ; lequel par ce moyen, demeure en
seurté publique, sous son figuier, cultivant sa terre, comme
à vos pieds, à l'abri de Vostre Majesté, qui a à ses costés la
Justice et la Paix. Ainsi, Vostre Peuple, Sire, délivré de la
fureur et frayeur des cruelles guerres, lors qu'il estoit
comme sur le bord de son précipice, et jouissant maintenant
par vostre moyen, de ce tant inestimable bien de la Paix,
c'est aussi à Vostre Majesté, à laquelle après Dieu, il a à
rendre graces, de sa vie, de son bien, de son repos : comme
à son père, son bien-faicteur, son libérateur. Estans donques
passées ces horribles confusions et désordres, et revenu ce
bon temps de Paix et de Justice, par le bon-heur de vostre
règne, lequel de sa clarté, comme Soleil levant, a dissout
tous ces nuages. De mesme est arrivée la saison de publier
ces miennes Observations sur l'Agriculture : à ce que servans
d'addresse à vostre Peuple, pour cultiver sa terre, avec tant
plus de facilité il se puisse remettre de ses pertes, que plus
de soulagement l'on reçoit par le secours opportunément
employé. Plustost n'eust esté convenable : car à quel propos
vouloir enseigner à cultiver la terre en temps si désordonné,
lors que ses fruicts estoient en charge, mesme à ceux qui
les recueilloient, pour crainte d'en fomenter leur ruine,
servans de nourriture à leurs ennemis ? Une autre considération m'a fait résoudre à ceci : c'est le service que je dois
à Vostre Majesté, comme son naturel suject. Il est dit en
l'Escriture Saincte, QUE LE ROI CONSISTE, QUAND LE CHAMP
EST LABOURÉ : dont s'ensuit que procurant la culture de la

D. M.   1

terre, je ferai le service de mon Prince : ce que rien tant je ne désire, afin qu'en abondance de prospérités Vostre Majesté demeure longuement en ce monde. Et d'autant, SIRE, que pour l'establissement du repos de vos sujects avés tant pris de peine, et surpassé tant et de si diverses et espineuses difficultés, et qu'en suite de vos louables intentions, désirés les voir pourveus de toute sorte de biens pour commodément vivre, me faict espérer que mes discours, tendans à ce but, vous seront agréables : et qu'il plaira à Vostre Majesté, à laquelle avec tout humilité et révérence je les consacre, les recevoir de son œil favorable. Ils ne contiennent que Terre et Labourage ; si ne sont-ils pourtant abjects et contemptibles, ains de très-grande importance : comme tels sont-ils recogneus, en les contemplans par leurs effects : car rien de plus grand ne se peut présenter aux hommes, que ce qui les achemine à la conservation de leur vie. Il y a de plus, SIRE, que c'est parler à Vostre Majesté de ses propres affaires : parce que vostre Royaume, qui tient le plus signalé reng en la terre universelle, estant terre sujette à culture, mérite d'estre cultivée avec art et industrie, pour lui faire reprendre son ancien lustre et splendeur, que les guerres civils lui avoient ravi. Moyennant lequel traictement, et la bénédiction céleste, par le bon ordre que ja y avés establi, tost reprendra-il son ancien bon visage : si que tous vos sujects auront matière de prier Dieu pour vostre longue et prospère vie : et vos voisins, occasion d'admirer la grandeur et excellence de vostre esprit, et la magnanimité invincible de vostre courage ; d'avoir si bien et si tost remis et restabli les choses tant désespérément destraquées. Tesmoignages évidens de la singulière faveur de Dieu envers nous, qui vous ayant constitué en ce throsne royal de vos ancestres, vous y affermira et les vostres, pour longues années, bénissant vostre sage conduicte, dont la renommée s'en asseurera à la postérité, et en seront vos jours comptés entre les plus heureux de tous les siècles. Ainsi que très-humblement le supplie,

SIRE,

A Paris, ce premier jour
de Mars mil six cens.

Vostre très-humble, très-fidèle,
et très-obéissant serviteur suject,
OLIVIER DE SERRES.

PRÉFACE.

Comme la terre est la mère commune et nourrice du genre humain, et tout homme désire de pouvoir y vivre commodément : de mesme, il semble que la Nature ait mis en nous une inclination à honorer et faire cas de l'Agriculture, pour ce qu'elle nous apporte libéralement abondance de tout ce dont nous avons besoin pour nostre nourriture et entretenement. D'où est venu que, comme l'on représente soigneusement par escrit ce qu'on aime, il n'y a eu escrits ni plus anciens, ni en plus grand nombre, que de l'Agriculture ; ainsi qu'on peut voir par le long denombrement des autheurs, qui, en tous siècles et en toutes nations, ont travaillé en ceste matière, très-excellente et pleine d'admiration, pour l'infinie quantité des exquis et divers biens, que par elle Dieu donne à ses enfans. Pour preuve de quoi est aussi à remarquer que, bien-que la redicte d'une mesme chose ait accoustumé d'estre importune et ennuyeuse, et qu'à grande peine l'on puisse rien dire qui n'ai ja esté dict, ores mesme qu'il soit couché en autres termes : néantmoins tout ce qui a esté escrit sur ce suject, a esté bien recueilli de tous, selon la mesure de l'esprit et beauté de l'ouvrage. Ainsi les doctes de l'Asie, et de la Grèce, n'ont pas retenu les Africains, ni les Latins : ni eux tous ensemblement, n'ont empesché plusieurs personnages de nostre siècle, de mettre la main à la plume pour traicter la mesme chose, en diverses langues, sans crainte d'estre repris d'avoir travaillé en vain. Entre ceux-là, quelques-uns ont bien pris la peine d'en escrire des livres, avec heureux succès, bien-que leur profession ne leur donnast grand loisir ni moyen de vacquer à l'Agriculture, qui consiste le plus en expérience et pratique. Certes la Nature poulse l'homme à aimer et recercher ceste belle science, qui s'apprend en son eschole, est provignée par la nécessité, et embellie par le seul regard de son doux et profitable fruict. Car qui peut nier que ceux qui ont escrit les premiers, n'ayent beaucoup faict, seulement en monstrant le chemin et rompant la glace aux autres ; et toutes-fois, qui est-ce qui ne confessera qu'ils n'ont pas tout veu, et que ceux qui leur ont succédé en ceste louable peine, ont continué la possession de l'honneur deu à tous ceux qui procurent le bien public, mesme en un suject tant beau, utile et nécessaire ?

Outre ceste considération générale, une autre particulière m'a faict entreprendre ce labeur. Mon inclination, et l'estat de mes affaires, m'ont retenu aux champs, en ma maison, et faict passer une bonne partie de mes meilleurs ans, durant les guerres civiles de ce royaume, cultivant ma terre par mes serviteurs, comme le temps l'a peu porter. En quoi Dieu m'a tellement béni par sa saincte grace, que m'ayant conservé parmi tant de calamités, dont j'ai senti ma bonne part, je me suis tellement comporté parmi les diverses humeurs de ma Patrie, que ma maison, ayant esté plus logis de paix que de guerre, quand les occasions s'en sont présentées, j'ai rapporté ce tesmoignage de mes voisins, qu'en me conservant avec eux, je me suis principalement adonné chés moi à faire mon mesnage. Durant ce misérable temps-là, à quoi eussé-je pu mieux employer mon esprit, qu'à recercher ce qui est de mon humeur ? Soit donques que la paix nous donnast quelque relasche ; soit que la guerre, par diverses recheutes, m'imposast la nécessité de garder ma maison ; et les calamités publiques, me fissent cercher quelque remède contre l'ennui : trompant le temps, j'ai treuvé un singulier contentement, après la doctrine salutaire de mon ame, en la lecture des livres de l'Agriculture ; à laquelle j'ai de surcroist adjousté le jugement de ma propre expérience. Je dirai donques librement, qu'ayant souvent et soigneusement leu les livres d'Agriculture, tant anciens que modernes, et par expérience observé quelques choses qui ne l'ont encore esté, que je sache, il m'a semblé estre de mon devoir, de les communiquer au public, pour contribuer, selon moi, au vivre des hommes. C'est ce qui m'a fait escrire. Je ne proteste pas que mes amis m'y aient poulsé contre ma volonté, ni qu'à heures perdues j'y aye travaillé : mais je di, que gayement j'ai tasché de représenter ceste belle science le mieux que j'ai peu ; y employant tout mon loisir, sans y rien obmettre de tout ce que j'ai estimé pouvoir servir à l'avancement de ce mien dessein ; tant pour son propre mérite, que pour le respect du public.

Mon intention est de monstrer, si je peux, briefvement et clairement, tout ce qu'on doit cognoistre et faire, pour bien cultiver la terre, et ce pour commodément vivre avec sa famille, selon le naturel des lieux, auxsquels l'on s'habitue. Non que pourtant je vueille ramasser tout ce qu'on pourroit dire sur ce sujetc : mais seulement, disposer ès Lieux de ce Théâtre, les mémoires de mesnage, que j'ai cogneu jusques ici estre propres pour l'usage d'un chacun, autant que ceste belle science y peut pourveoir.

Il est plus aisé de souhaitter, que de rencontrer un lieu aux champs, accompli de toutes commodités ; c'est à dire, qui soit bon et beau, où le ciel et la terre s'accordans ensemble, portent à l'homme tout ce qu'il pourroit désirer, pour plantureusement vivre. Mais d'autant que Dieu veut que nous nous contentions des lieux qu'il nous a donnés, il est raisonnable que les prenans comme de sa main, tels qu'ils sont, nous nous en servions le mieux qu'il nous sera possible, tascheans par artifice et diligence, à suppléer au défaut de ce qui leur manque : suivant ce que dit l'oracle : NE HAI POINT LE LABOURAGE, ENCOR QU'IL SOIT PÉNIBLE ; CAR C'EST DE L'ORDONNANCE DU SOUVERAIN : et ceste lumière de vérité est remarquable aux Payens.

> Le père n'a voulu que le labeur champestre
> Eust chemin si aisé, ains en l'homme a faict naistre
> Et l'art et le souci de cultiver les champs,
> Et, juste, a refusé les fruicts aux non-chalans (*).

Celui qui est en délibération d'achepter quelque terre, a bien autre privilége que ceux qui en ont de succession, pour ce que par argent il en peut choisir et acquérir ; et seroit mal-avisé, ayant à choisir, de prendre le pire. Qu'il s'asseure néantmoins, de ne pouvoir jamais treuver un lieu (quelque recherche et chois qu'il en face) entièrement accompli de tout ce qui peut y estre désirable. C'est pour-

---

(*) C'est la traduction des vers par lesquels Virgile commence ce qu'il dit sur le labourage :

Pater ipse colendi

Haud facilem esse viam voluit, primusque per artem
Movit agros, curis acuens mortalia corda :
Nec torpere gravi passus sua regna veterno.
(GEORG., lib. I, v. 121-124.

quoi, ceux qui aiment l'Agriculture, doivent premièrement, chacun en son regard, bien cognoistre la qualité et naturel particulier de sa terre, pour l'aider par industrie, à concevoir et enfanter ses fruicts, selon qu'elle en est diversement capable. L'art avec la diligence tire des entrailles de la terre (comme d'un thrésor infini et inespuisable) toute sorte de richesses. Et ne faut doubter, que quiconque la voudra soigneusement cultiver, ne rapporte en fin, digne récompence du temps et soin qu'il y aura employés, quelque part que ce soit.

Je ne veux pas dire, qu'il n'y ait différence de terre à terre. Ce seroit avoir perdu le sens commun, d'esgaler tous terroirs en bonté et fertilité : mais bien, que l'expérience n'a pas, sans suject, faict recognoistre la vérité de ce proverbe, un pays vaut l'autre. La montaigne où il y a des arbres et herbages, dont il se retire plusieurs commodités servans à divers usages de très-grand profit, ne cède en revenu à la vallée et campagne, qui ne rapportent le blé qu'avec beaucoup de despence et labeur. Cela se void assés sans en recercher la preuve ailleurs que dans nostre contrée de Languedoc, d'où les plus grandes et riches maisons, sont ès montaignes de Vivarets et Gévaudan.

C'est donc mon but, de persuader au bon père-de-famille, de se plaire en sa terre, se contenter de ses naturelles facultés, et n'en abhorrer et rejetter les incommodités, avec tant de mespris et desdain, qu'il laisse à leur occasion, de s'efforcer à la rendre avec le temps, par son industrie et continuelle diligence, ou plus fructueuse ou moins incommode. Car à quel propos se fascheroit-il du lieu auquel il doit passer sa vie ? Peut-il convertir les montaignes en plaines, et les plaines en montaignes ? Qu'il se console donques, en la providence de Dieu, qui a distribué à chacun ce qu'il cognoist lui estre nécessaire ; mesme pour ce regard, imposé à l'homme, à cause de son pesché, ceste juste peine, de cultiver la terre en la sueur de son visage : lui faisant néantmoins, par sa bénédiction et suivant ses promesses, savourer le fruict de son travail, en la jouissance des biens terrestres. Et qui doit imaginer aux mesnages, quelque Paradis sans peine et incommodité, puisque les grands Estats du monde, sont enveloppés de tant d'espineuses difficultés ?

Par là, nous pauvres mortels, apprendrons, qu'il n'y a rien de parfaict, rien d'asseuré en ceste vie mortelle, pour tendre à l'immortelle. Donques nostre mesnager se souviendra qu'il est en terre, et se résolvant de cultiver la terre pour y vivre avec les siens, prendra ceste belle science pour addresse de son travail.

Science plus utile que difficile, pourveu qu'elle soit entendue par ses principes, appliquée avec raison, conduicte par expérience, et pratiquée par diligence. Car c'est la sommaire description de son usage, SCIENCE, EXPÉRIENCE, DILIGENCE, dont le fondement est la bénédiction de Dieu, laquelle nous devons croire estre, comme la quintessence et l'ame de nostre mesnage ; et prendre pour la principale devise de nostre maison ceste belle maxime : SANS DIEU RIEN NE PEUT PROFITER. Là dessus nous bastirons nostre Agriculture, l'usage de laquelle nous représenterons ainsi :

« Le mesnager doit sçavoir ce qu'il a à faire, entendre « l'ordre et la coustume des lieux où il vit, et mettre la « main à la besongne en la droicte et opportune saison de « chaque labeur champestre. »

Il y en a qui se mocquent de tous les livres d'Agriculture, et nous renvoyent aux paysans sans lettres, lesquels ils disent estre les seuls juges compétans de ceste matière, comme fondés sur l'expérience, seule et seure reigle de cultiver les champs. J'advoue avec eux, que de discourir du mesnage champestre par les livres seulement, sans sçavoir l'usage particulier des lieux, c'est bastir en l'aer, et se morfondre par vaines et inutiles imaginations. J'entends assés qu'on apprend des bons et experts laboureurs, le moyen de bien cultiver la terre : mais ceux qui nous renvoyent à eux seuls, me confesseront-ils pas, qu'entre les plus expérimentés, il y a divers jugemens ? et que leur expérience ne peut estre bonne sans raison ? Aura-on plustost recerché tous les cerveaux des paysans, et accordé leurs opinions, non seulement différentes, mais bien souvent contraires, que de lire en un livre, la raison joincte avec la pratique, pour l'appliquer avec jugement, selon le suject, par l'aide et addresse de la science et de l'usage recueillis en un ? Ceste mesme raison sert-elle pas de livre au paysan ? Certes pour bien faire quelque chose, il la faut bien entendre premièrement. Il couste trop cher de refaire une besongne mal faicte, et sur tout en l'Agriculture, en laquelle on ne peut perdre les saisons sans grand dommage. Or qui se fie à une générale expérience, au seul rapport des laboureurs, sans sçavoir pourquoi, il est en danger de faire des fautes mal-réparables, et s'esgarer souvent à travers champs, sous le crédit de ses incertaines expériences : comme font les empiriques, lesquels alléguans de mesme l'expérience, prennent souventes-fois le talon pour le cerveau, se servans d'une mesme emplastre à toutes maladies. Et qui ne void que l'expérience des laboureurs non-lettrés, est grandement aidée par la raison des doctes escrivains d'Agriculture ?

Mais à quoi sert, dira quelqu'un, de recercher aux livres, ce que vous pouvés treuver chés vous par vostre sens commun, ou chés vostre mettayer, par la mesme addresse naturelle ? Pareille conclusion pourroit-on faire de toutes les sciences qu'on appelle libérales : car les semences et les principes de toutes choses, sont en l'ame de l'homme qui ne peut apprendre aux livres de philosophie, que cela mesme qu'il sçait dès le ventre de sa mère : mais d'une science confuse et enveloppée, qui a besoin d'estre producte en avant par quelque artifice. Les livres de physique enseignent les causes et effects de nature : l'éthique, le moyen de bien et heureusement vivre : l'œconomique, de bien conduire la famille : la politique, l'Estat. L'homme naist bien avec les principes nécessaires à la cognoissance de ces sciences, mais qui niera sans vanité que ces belles choses ne soyent mieux cultivées en l'ame de l'homme, par les enseignemens des doctes escrits, que de s'en remettre au seul discours de bouche, comme à une cabale ? L'ART est un recueil de l'expérience, et l'EXPÉRIENCE est le jugement et usage de la RAISON. A cela servent les escrits des doctes, que ce qui est infini et incertain, par la recerche de divers jugemens, est fini et certain par les règles de l'ART, façonnées par la longue observation et expérience des choses nécessaires à ceste vie. Que si nous prisons les arts en tous sujects, combien plus ceste science nous doit estre recommandable, qui est la plus nécessaire au genre humain, et sans laquelle l'homme ne peut vivre ? Et combien plus sa démonstration doit estre solide et claire, puis qu'elle parle si naïfvement au livre de

nature, par effects si manifestes, que la raison s'y faict voir
à l'œil, et toucher à la main?

Il appert donques, que la science de l'Agriculture est
comme l'ame de l'expérience. Elle ne peut estre oisive pour
estre recogneue vraiment science : car de quoi serviroit
d'escrire et lire les livres d'Agriculture, sans les mettre en
usage? La science ici sans usage ne sert à rien; et l'usage
ne peut estre asseuré sans science. Comme l'usage est le but
de toute louable entreprinse, aussi la science est l'addresse
au vrai usage, la règle et le compas de bien faire; c'est la
liaison de la science et de l'expérience. Je leur ad-jouste
pour compaigne, la DILIGENCE : afin que nostre mesnager ne
pense pas devenir riche par discours, et remplir son nid,
ayant les bras croisés : car nous demandons du blé au
grenier, non en peinture. Nul bien sans peine. C'est de
l'ordonnance ancienne représentée par Columelle, et vérifiée
par les effects, que pour faire un bon mesnage, est nécessaire de joindre ensemble, le SÇAVOIR, le VOULOIR, le POU-
VOIR. En ceste liaison gist l'usage de nostre Agriculture : le
fruict de laquelle estant commun et salutaire à toutes sortes
de personnes, aussi de tous hommes ceste belle science doit
estre entendue : et de faict, c'est à l'Agriculture où tous
Estats visent. Car à quoi travailler aux armes, aux lettres,
aux finances, aux trafiques, avec tant d'affectionné labeur,
que pour avoir de l'argent? Et de cest argent, après s'en
estre entretenu, que pour en achepter des terres? Et ces
terres, à quelle fin, que pour en retirer les fruicts pour
vivre? Et comment les en retirer, que par culture? Ainsi
par degrés appert, que quelque chemin qu'on tienne en ce
monde, on vient finalement à l'Agriculture : la plus commune
occupation d'entre les hommes, la plus saincte et naturelle,
comme estant seule commandée de la bouche de Dieu, à nos
premiers pères. Ce n'est donques aux habitants des champs
que nostre Agriculture est particulière : ceux des villes y ont
leur part. Car bien que pour le jourd'hui, beaucoup de gens
se treuvent reculés du mesnage des champs, ils y tendent
néantmoins, ou pour eux, ou pour les leurs. Plusieurs mesme
se promettent, après avoir donné trefves à leurs fatigues,
d'aller finir leur vie en la douce solitude de la campagne,
pour se reposer paisiblement en ce monde, si toutes-fois

repos aucun si peut treuver, en attendant la jouissance de la parfaicte et bien-heureuse tranquilité au Ciel. Ces choses ayans esté brefvement représentées, il reste pour fin, que desseignons le plan général de tout ce grand Discours, pour traicter chacune matière en son propre Lieu, suivant cest ordre :

Au PREMIER LIEU, je veux instruire nostre père-de-famille, à bien cognoistre le terroir qu'il désire cultiver, à se bien loger, et à bien conduire sa famille. Qui est le but de tout le travail de l'homme en ceste vie.

Au SECOND, puis que le pain est le principal aliment pour la nourriture de l'homme, je lui monstrerai le moyen de bien cultiver sa terre, pour avoir de toutes sortes de blés propres à cest usage, mesme des légumes qui servent beaucoup à l'entretenement du mesnage champestre.

Au TROISIESME, d'autant que le seul manger ne nourrit pas l'homme, mais qu'il faut aussi boire pour vivre, et que le vin est le plus commun et le plus salutaire bruvage, je lui enseignerai la façon de bien planter et cultiver sa vigne, pour avoir du vin, le faire et garder, et tirer des raisins autres commodités. Aussi des autres boissons, pour ceux qui sont sous aer impropre à la vigne.

Au QUATRIESME, par ce que le bestail apporte très-grand profit au mesnager, pour le nourrir, vestir, servir, et rendre pécunieux, je lui ordonnerai ses prés et autres pasquis, afin d'y entretenir force bestail, et monstrerai la manière d'eslever et conduire toutes sortes de bestes à quatre pieds, avec avantageuse et louable usure.

Au CINQUIESME, pour encores fournir de la viande au mesnager, je lui accommoderai le poulailler, le pigeonnier, la garenne, le parc, l'estang, l'apier ou ruchier. Et pour lui faire tant plus expérimenter la libéralité de nature, je lui vestirai et meublerai pompeusement, en lui donnant l'addresse d'avoir abondance de soye, dont, aussi il tirera grands deniers, et ce par l'admirable artifice des vers qui la vomissent toute filée, estans nourris de la fueille du meurier. Passant plus outré, afin de ne laisser rien en arrière de ce qu'appartient à la faculté de tel arbre, je lui monstrerai le moyen de tirer profit de son escorce, la convertissant en matière pour faire des cordages et toiles de toutes sortes, dont l'invention apportera grande commodité à la famille.

Au sixiesme, afin de lui donner avec la nécessaire commodité, l'honneste plaisir, je lui dresserai des jardins, desquels il tirera, comme d'une source vive, des herbes, des fleurs, des fruicts et des simples ou herbes médécinales. En suite, je lui édifierai un verger, planterai et enterai ses arbres, pour les rendre capables à porter abondance de bons et précieux fruicts. Des lieux aussi seront destinés au safran, au lin, au chanvre, et à autres matières propres au mesnage, mesme pour meubles et habits.

Au septiesme, attendu que l'eau et le bois, sont du tout nécessaires au mesnage, j'en traicterai soigneusement, à ce que nostre père-de-famille entende d'une façon plus exquise, le moyen de s'accommoder de l'un et de l'autre: et par conséquent, ait abondamment chés soi tout ce qui lui est requis et nécessaire, pour plantureusement vivre avec sa famille.

Au huictiesme et dernier Lieu, je monstrerai l'usage des alimens, afin que les pères et mères de famille se puissent commodément et honorablement servir des biens qu'ils ont chés eux. J'instruirai la mesnagère, à tenir sa maison fournie de toutes choses requises, tant pour le vivre ordinaire, que pour les provisions qui servent durant l'année. Je lui enseignerai la vraie façon des confitures, pour confire tous fruicts, toutes racines, fleurs, herbes, escorces, au liquide, au sec, au sucre, au miel, au moust, au vin-cuit, au sel, au vinaigre. Aussi je donnerai quelques addresses, pour se pourveoir par mesnage, de lumières, meubles, habits, afin que rien ne défaille dans la famille. Je lui ferai faire des distillations et autres préparatifs, et lui baillerai des remèdes bien expérimentés pour se secourir et les siens en l'occurrence des maladies: comme estant chose infiniment incommode et périlleuse aux champs, de n'avoir prompt soulagement, à tant d'inconvéniens qui souventes-fois et inopinément surviennent, en attendant plus amples remèdes du docte médecin, la nécessité y eschéant. Et d'autant aussi qu'il faut que le mesnager ait soin de ses bestes, ayant parlé des remèdes pour les personnes: je traicterai en suite, des médecines pour le bestail. Je dirai pareillement, quelque chose de la chasse, et des autres exercices du gentil-homme, à ce que nostre vertueux père-de-famille, en faisant ses affaires, se recrée honnestement. Ce qui lui servira aussi à la conservation de sa santé.

C'est en somme le dessein de ce que j'ai à traicter en ce THÉATRE D'AGRICULTURE ET MESNAGE DES CHAMPS : ce qu'ayant ainsi représenté en gros, il reste maintenant de monstrer en destail, ce qui est propre à chaque Lieu.

Le jugement en soit aux doctes mesnagers, le profit à tous ceux qui désirent honnestement vivre du fruict de leur terre, et l'entier honneur à Dieu, lequel en ce commencement, j'invoque à meilleure tiltre, que VARRO ses Dieux rustiques et contrefaicts.

THÉATRE D'AGRICULTURE

ET

MESNAGE DES CHAMPS

––––––––––

DU DEVOIR DU MESNAGER

C'est-à-dire, de bien cognoistre et choisir les Terres, pour les acquérir et employer selon leur naturel. Approprier l'Habitation Champestre, et ordonner la conduite de son Mesnage.

SOMMAIRE DESCRIPTION

DU LIEU (1), DU DEVOIR DU MESNAGER, AUQUEL

Le Père-de-famille est instruit à

S'acquérir et bien accommoder la terre qui le doit nourrir : et par conséquent.

- *D'en bien cognoistre le naturel.* CHAP. I.
- *D'en faire bon choix.* CHAP. II.
- *De la bien mesurer.* CHAP. III.
- *De la disposer selon ses qualités.* CHAP. IV.

Dresser ou approprier son logis.

- *Pour y habiter commodément avec les siens.* CHAP. V.

Bien conduire sa famille : et par ainsi,

- *Se comporter sagement et dedans et dehors sa maison.* CHAP. VI.
- *Sçavoir les saisons ;* CHAP. VII.
- *et*
- *Façons du Mesnage.* CHAP. VIII.

(1) Livre, chapitre, division.

DU DEVOIR DU MESNAGER

CHAPITRE PREMIER.

De la cognoissance des Terres.

Le fondement de l'agriculture est la cognoissance du naturel des terroirs que nous voulons cultiver, soit que les possédions de nos ancestres, soit que les ayons acquis : afin que par ceste adresse, puissions manier la terre avec artifice requis ; et employans à propos et argent et peine, recueillions le fruict du bon mesnage, que tant nous souhaitons : c'est-à-dire, contentement avec modéré profit et honneste plaisir.

Par là donques nous commencerons nostre mesnage, et dirons qu'on remarque plusieurs et diverses sortes de terres, discordantes entr'elles par diverses qualités ; lesquelles difficilement peut-on toutes bien représenter. Mais pour éviter la confusion de ce grand nombre, nous les distinguerons en deux principales : assavoir en argilleuses et sablonneuses, d'autant que ces deux qualités-là, sont les plus apparentes en tous terroirs, et dont de nécessité faut qu'ils participent. De là procède la fertilité et stérilité des terroirs, au profit ou détriment du laboureur, selon que la composition des argilles et sablons, s'en treuve bien ou mal faicte. Car comme le sel assaisonne les viandes, ainsi l'argille et le sablon estans distribués ès terroirs par juste proportion, ou par nature ou par artifice, les rendent faciles à labourer, à retenir et rejetter convenablement l'humidité ; et par ce moyen, domptés, aprivoisés, engraissés, rapportent gaiement toutes sortes de fruicts. Comme au contraire, importunément surmontés par l'une ou l'autre de ces deux différentes qualités, ne peuvent estre d'aucune valeur : se convertissans en terres trop pesantes, ou trop légères ; trop dures, ou trop molles ; trop fortes, ou trop foibles ; trop humides, ou trop sèches ; bourbeuses, croieuses, glaireuses, difficiles à manier en tout temps, craignans l'humidité en hyver, et la sécheresse en esté ; et par conséquent presques infertiles.

La couleur ne suffit à telle instruction, bien que la noire soit la plus prisée de toutes, pourveu qu'elle ne soit marescageuse, ne trop humide ; car estant abreuvée, sera plustost de ceste-là que d'autre. La cendrée, la tanée, la rousse suivent après : puis la blanche, la jaune, la rouge, qui ne valent presque rien : non plus que celles qui ne produisent aucune herbe mangeable ains de puante, et laide à voir : ou bien, de bonne senteur, comme en quelques endroits du Languedoc et Provence, du serpoulet, du thim, de l'aspic, de la lavande : aussi dit le bon mesnager,

> Tu n'employeras ton labeur
> En terre de bonne senteur.

Les trop pierreuses, et les importunées de rochers, sont mises au rang de celles, qui, produisans abondance de feugère et de jong, manifestent leur insuffisance à bien faire (1).

Les terroirs laissés en jaschère ou en friche, parmi lesquels se treuvent des reliques d'édifices antiques, sont sans doute les meilleurs. La raison est, qu'estans cuits et recuits à la longue, avec les meslinge des sables et chaux des bastimens desmolis, par feu ou vieillesse, se sont rendus plus friables, et ensuite aisés à cultiver ; ayans par ce moyen, et de la graisse et de la douceur, qualités nécessaires à la production de tous fruicts.

Virgile, Columelle, Palladius, et autres anciens, nous ont enseigné des preuves pour cognoistre la portée des terroirs. La terre qui est du tout bonne, ne pourra toute estre contenue dans la fosse d'où aura esté freschement tirée, quelque effort qu'on en face : parce qu'elle s'enfle à l'aer, comme la paste par le levain. La mauvaise et trop légère, par sa décheute estre esventée, se diminuera tellement, qu'elle ne pourra occuper tant de place, qu'elle faisoit avant estre tirée de la fosse La moyenne, seule-

---

(1) La classification des terres a fait de grands progrès depuis Olivier de Serres. Il suffit de consulter les ouvrages les plus élémentaires pour être parfaitement renseigné à ce sujet. J. Bujault nous a dit que la couleur des terres et la mauvaise odeur des plantes ne suffisent pas pour faire juger de la qualité d'un sol arable. Il existe des indices plus certains et que tout bon agriculteur connaît aujourd'hui.　　　　　　　　　　　　　　　　(N. E.)

ment la remplira, sans y en rester ne défaillir, Celle qui
tient aux mains, comme glu, estant mouillée et trempée
dans l'eau. est grasse et fertile. Ils ont aussi commandé
d'en dissoudre dans l'eau, pour juger par la douceur de
l'eau qui en coulera à travers d'un linge, de la douceur
de la terre : rejettant comme inutile, celle dont l'eau
sortira, ou puante ou salée, ou d'autre mauvaise odeur
ou saveur (1).

Ouvrir et creuser la terre, est asseuré moyen de
cognoistre sa portée : car estant chose confessée de tous,
que la meilleure est en superficie, ainsi tant plus, en
profondant, on y en treuvera de semblable à celle du dessus,
tant plus le terroir sera fertile. Mais en peu d'endroits
rencontre-on, que sa bonté enfonce guières avant (encores
est-ce par bénéfice de nature) et y aura de quoi se contenter, si elle pénètre un bon pied dans terre (mesme telle
mesure, ou peu d'avantage, suffira pour les arbres
fruictiers) (2), le demeurant estans presque stérile, à cause
de son amertume et crudité. Lequel se rencontrant pur
sablon, par sa siccité, s'attirera l'humeur et la graisse de
la bonne terre, dont elle demeurera maigre et lasche,
causant la nécessité de la fumer souvent (comme cela se
recognoist en plusieurs endroits de la France, mesme à
Paris et ès environs, où l'on tire du sablon pour bastir) ;
mal qu'on ne craint aux terres affermies sur le fonds
argilleux, graveleux, mesme plein de rochers, pour ne
consumer les engraissemens, ains les retenir à l'utilité de
la superficie du champ.

Ce sont bien des indices de la portée des terroirs, mais
non preuves tant asseurées, que l'expérience. Car à la
vérité, les couleurs de la terre trompent quelquesfois, y
en ayant presques de toutes, de passable revenu : comme
on dit des chevaux et des chiens, dont de tous poils s'en
treuvent de bons et de mauvais. Et si tant est que ne
puissiés sçavoir au vrai quel rapport faict, par communes
années, la terre que désirés vous acquérir, recourés à
ceste non-trompeuse adresse, qui est au seul regard des
arbres de toutes sortes, sauvages et francs, qui vous ser-

---

(1) La mauvaise odeur ne peut être une preuve de mauvaise
qualité de la terrre. Le terreau ne sent pas toujours bon.   (N. E.)

(2) Plus le sol arable est profond, meilleur il est. Une profondeur
de 30 à 40 centimètres est reconnue suffisante pour une bonne
culture. (N. E.)

M. D.

2

viront par leur grandeur et petitesse, beauté et laideur, abondance et rareté, à juger solidement de la fertilité et stérilité de la contrée. Sur tous lesquels arbres, les poiriers, pommiers et pruniers sauvages, croissans d'eux-mesmes, asseurent le terroir estre propre pour tous blés. Sous ceste particularité, que la terre de froment est celle où les poiriers abondent : et celle de seigle, où les pommiers (1) ; demeurans les pruniers, de facile venue presques par tout bon lieu, soit argilleux ou sablonneux. Servent aussi à telle adresse, les chardons, (2) qui marquent les poiriers ; et la feugère, les pommiers : ces plantes-là, supportans l'argille, et celles-ci, le sablon, selon le divers naturel de tels blés. L'aer aussi intervenant à telle recerche, nous résoudra le plus chaud que froid, favoriser le froment ; et le plus froid que chaud, le seigle.

Les bons et menus herbages croissans naturellement ès champs, vous aideront beaucoup à ceci : car jamais bonnes et franches herbes, que les bestes mangent avec apétit, ne viennent abondamment ès terres de peu de valeur ; adresse particulière pour les terres descouvertes n'ayans aucuns arbres.

Reste maintenant à parler de l'assiete des terroirs, chose très-considérable, pour en augmenter ou diminuer la valeur. Ils ne peuvent estre que de l'une de ces trois, ou en plaine, ou en coustau, ou en montaigne. La plaine et la montaigne, à cause de leurs extrémités, par raison, cèdent au coustau, lequel participant de l'une et de l'autre assiete, tient par là le milieu tant desiré, et par conséquent, est plus propre à tout produire : principalement si le ciel de la contrée est tempéré, et son fonds de bonne volonté : car cela estant, il n'y a fruict en la terre, que le coustau ne porte gaiement. Aussi est-elle la plus plaisante et la plus saine assiete de toutes les autres ; à cause que les vents et les fanges n'y sont trop importunes, comme ès montaignes et plaines, où ces deux incommodités nuisent beaucoup. La montaigne ne peut convenablement servir qu'en bois et pasturages pour le bestail, en quoi elle est très-propre : mais d'en faire du labourage, d'y

---

(1) Cette particularité ne prouve rien pour la culture du seigle et du froment. (N. E.)

(2) Les chardons croissent spontanément dans les sols calcaires argilleux qui sont d'excellentes terres à froment, à trèfle, à luzerne, à sainfoin. (N. E.)

planter des vignes et des arbres, désirans la culture, cela est bien difficile, de grand coust, et de petite durée ; par escouler la graisse de la terre avec les pluies, et lascher trop tost l'humidité, mesme tant plus le fonds se treuve cultivé : qui a faict dire aux bonnes-gens,

En terroir pendant
Ne mets ton argent.

Au contraire, la raze campagne estant trop platte, retient trop longuement les eaux, au détriment du labourage ; lequel ne se peut ni bien faire, ni avancer avec trop d'humidité. Perte qui se recognoist et en la qualité et en la quantité des fruicts. Ainsi void-on que le coustau résistant mieux en intempéries, que la plaine, ne la montaigne, est à préférer à toute autre assiete. Pour laquelle cause, le pays de Brie est beaucoup prisé, dont le grand nombre de belles maisons de gentils-hommes qu'on y void, accomparé au petit de la Beausse, monstre combien plus dès long temps, les coustaux ont esté recerchés que les plaines. Voilà les générales adresses pour la cognoissance des terres.

CHAPITRE II.

Du Chois et élection des Terres, et acquests d'icelles.

Maintenant il faut monstrer au père-de-famille l'ordre qu'il a à tenir pour bien choisir la terre, et s'en bien servir, entendant lui-mesme ce qu'il achepte, sans s'en rapporter du tout au jugement d'autrui. Qui sont les deux poincts que nous avons à traicter ensuite, avant que de dresser son logis, et lui ordonner la façon de son mesnage.

Nostre intention n'est pas d'imaginer ici des Champs Elysées, ou des Isles fortunées ; ains de montrer simplement le moyen de distinguer d'entre le fonds qu'on peut avoir, le plus commode, pour se l'acquérir ; et en après le cultiver, avec tel profit qu'on doit raisonnablement espérer. Au chois des terres et en leur culture, nous cerchons ce qui se peut treuver et faire. Mais comme en establissant une république, il en faut representer, pour un préalable, une idée et patron parfaict, où nous rapportions l'estat sous lequel nous prétendons heureusement vivre : aussi en descrivant nostre communauté champestre, qui nous empeschera de monstrer en ce commencement, ce qu'on peut souhaiter avec raison, et tellement espérer, que nous regardions ce que nous pouvons et devons, pour approcher par ce moyen, le plus près qu'il sera possible, de la perfection que nous promet nostre agriculture ? Ce n'est pas donc point fantastiquer quelque chose impossible, par une vaine curiosité, ou ramener à nostre siècle ric-à-ric, tout ce qu'ont escrit les anciens : mais bien pour mettre devant les yeux ceste belle ordonnance, qui nous serve, avec ce jusques-où que nostre terre nous permet. C'est ici donc le dessein du terroir que peut souhaiter nostre mesnager.

Que le domaine soit posé en bon et salutaire aer, en terroir plaisant et fécond, pourveu de douces et saines eaux, tout uni, et joinct en une seule pièce, de figure quarrée ou ronde. Noble, avec toute jurisdiction, à elle sujets les habitans plus prochains : près de bons voisins, et non esloignée d'un grand et profitable chemin. Divisée en montaigne, coustau et plaine. La montaigne, ayant en dos la bise, regardant le midi ; revestue d'herbages pour la nourriture du bestail, et de bois de toutes sortes, pour le chauffage et bastiment. Le coustau, en semblable aspect, au dessous de la montaigne, pour, par elle estre en abri : en fonds propre à vignoble, jardin, verger, et semblables gentillesses. La plaine, non trop platte, ains un peu pendante pour vuider les eaux de la pluie ; large, de terroir gras et fertil, doux et facile à labourer : arrousée d'eau douce et fructifiante, venant de haut, pour estre despartie par tous les endroits du domaine ; afin d'y accommoder des prairies, viviers, estangs, arbres aquatiques : la plaine despartie en deux, l'une à ces usages-là, et l'autre à la culture de la terre-à-grain. Qu'en quelque endroit du domaine, y ait des quarrières et pierrières, afin d'y tirer de la pierre pour bastir : de celle qui est bonne pour la chaux : et d'autre pour le plastre : aussi qu'il s'en treuve de la terre propre à faire des thuiles, pour les couvertures des logis ; à ce qu'en ne soit en peine d'aller cercher loin ces tant nécessaires matières. Que ce fonds ne soit loin de la mer ou de rivière navigable, mais sans ravage : ne de bonne ville, pour débiter les denrées, construire des moulins, et tirer autres commodités : et en général, d'aisé charroi, et le pays non trop pierrieux.

On pourroit remarquer plusieurs autres singularités et pour la commodité, et pour le plaisir : mais afin que ce discours n'outre-passe les limites de raison, monstrant plustost des souhaits que des effects, restraignons toutes ces commodités que nous recerchons en nostre lieu, à cinq, comme aux principales, nécessaires et suffisantes pour le soustien de ceste vie : à l'aer, à l'eau, à la terre, au voisin, et au chemin. C'est-à-dire, en la santé de l'aer, en la bonté de l'eau, en la passable ou moyenne fertilité de la terre, au bon voisin, et au profitable ou non-dommageable chemin et que pour en recueillir les fruicts, on ne soit contraint bailler tous-jours le domaine à ferme, ains quand l'on voudra, le pouvoir commodément tenir à sa main, le faisant cultiver par serviteurs domestiques. Qu'il ne soit aussi totalement desnué de bois, qu'au moins il y en ait de quelque espèce, pour aider au chauffage, en attendant qu'on y en ait édifié abondamment.

Ce sont les commodités nécessaires pour le mesnage champestre, les unes plus, les autres moins : mais si elles défaillent ensemble, le séjour des champs ne peut estre qu'une prison, au lieu d'une plaisante demeure que nous demandons. Ce seroit aussi tesmoignage de peu de jugement, ou d'achepter des incommodités et pertes toutes notoires, ou de s'opiniastrer en une peine pernicieuse.

La cognoissance de l'aer et de l'eau, quoi-que des plus importans articles, est de plus grande facilité que nul des autres. Certes plus grande ne pourroit estre chose que celle, qui, selon les causes secondes, augmente ou diminue la vie de l'homme, comme le sens commun nous monstre, telle faculté appartenir à ces deux élémens. Et touchant la facilité à les recognoistre, rien plus aisé n'y a-il : d'autant que sans vous donner autre peine, il ne faut que fréquenter le lieu où désirés vous loger, seulement trois jours en chacune saison, pour vous résoudre de la portée de l'aer et de l'eau : ainsi dans une année facilement viendrés à bout de chose tant importante. Nul lieu ne peut estre dict sain, s'il ne l'est continuellement ; y en ayant aucuns salutaires en hyver, qui ne le sont pas en esté ; autres au printemps, non en l'automne. Joinct, qu'au visage des habitans, on peut lire aucunement la portée de ces deux élémens ; n'estans généralement bien habitués, ne de bonne couleur, ne de franche voix, ceux qui se nourrissent ès endroits où l'aer et l'eau sont mauvais. Car l'expérience convainc l'opinion de *Pline*, qui dit, la faculté de l'aer n'estre recognoissable à la disposition des hommes, qui tous-jours se treuvent bien sous quel aer qu'ils soient, quoique pestilent, tel l'ayans accoustumé.

Pour le regard de l'assiete et qualité des terroirs, la raison veut que défaillant le coustau, l'on s'arreste plustost à la plaine qu'à la montaigne. Au défaut de la terre du tout bien qualifiée, qu'on élise plustost la pesante, que la légère : la dure, que la molle : la forte, que la foible : l'humide, que la sèche : la cendrée, tannée, rousse, que la blanche, jaune, rouge : la graveleuse, que la pierreuse : l'argilleuse, que la sablonneuse ; pour le chois qu'il y a du froment au seigle (ce grain-là souffrant l'argille, et cestui-ci, le sablon). Que s'il eschet qu'ayés l'eau grasse à commandement, pour arrouser le terroir, prisés-le par dessus tout autre : parce qu'avec tel bénéfice, suppléerés aux défauts et imperfections naturelles du fonds : duquel par le moyen de la bonne eau, ferés des prairies et terres labourables à volonté : préeant et défricheant les unes et les autres alternativement par années, pour tous-jours avoir des terres et prez nouveaux, et par ce mesnage, chacune année abondance de blés et foins. En somme, quelque assiete et qualité de terre tant rebource soit-elle, par la faveur de l'eau fertile, sera accommodée, et ses aspretés naturelles de beaucoup aprivoisées, tant telle eau est de profitable revenu ; toutesfois avec tant plus d'efficace, que plus le ciel de la contrée est chaud, pour la raison des arrousémens.

De poser ici les termes et limites du domaine, n'est à propos, puis qu'il ne se peut mesurer à autre toise, qu'aux moyens de nostre père-de-famille, pour, selon iceux, restreindre ou amplifier les bornes de sa terre : tiendra néantmoins pour maxime ce conseil de *Virgile*,

> Au grand terroir louange donne,
> A semer le petit t'adonne,

plustost que de mettre sa fantasie en trop grande quantité de labourage, pour s'en surcharger. Ainsi en se mesurant, il s'acquerra un lieu de moyenne contenue, plustost petit que grand ; lequel satisfera à sa raisonnable intention, estant avec science, diligence et frais modérés, gaiement cultivé et réparé, avec plus de profit, que s'il embrassoit trop pour mal estreindre. (1)

À ces avis sera-il du tout arresté, quand il considérera combien dommageable est le rencontre de l'aer et de l'eau mal-sains : desquels estant contrainct d'user, par l'assiete de la maison, l'on est continuellement tourmenté de plusieurs maladies, comme ayant tous-jours à combattre contre la mort : de labourer une terre désagréable et presques infertile, dont le rapport ne respond à la despense de la culture : d'estre forcé par mauvais voisinage, de vivre en perpétuel souci, et, pour se garder des outrages et violences d'un meschant homme, tumber à telle extrémité, que de recourir à la seurté des armes particulières : d'estre souvent et inopinément incommodé, pour l'approche d'un grand chemin, sans que par iceluy l'on puisse tirer argent de fruicts, par estre de trop difficile charroi, et ne tendre en ville de commerce.

Ces deux derniers articles, se peuvent aucunement adoucir par artifice, mesme les changemens des temps, sans moyen, par morts ou autres événemens, y peuvent apporter remède : mais estans telles attentes chose par trop périlleuse, j'estime ne devoir estre tenu pour prudent homme, celui qui à deniers contans, s'achepteroit telles et tant pernicieuses incommodités. Et tant plus se refroidira-t-il de tels acquests, contemplant combien de plaisir procède des lieux bien qualifiés ; pour très-grand ornement desquels, s'accompte le bon voisin, à cause des infinies commodités qu'on reçoit de sa douce et vertueuse conversation, ainsi qu'*Hésiode* l'a descript,

Le bon voisin en ta nécessité
Accourt piés-nus secourir ta famille :
Mais le parent tout-à-loisir s'habille,
Pour t'aller voir en ton adversité.
Ne crain donc point que ton bestail périsse
Par fraude, ayant ton cher voisin propice.

Par quoi l'homme d'entendement en se servant de ces adresses, les tiendra pour défenses, afin de ne les outrepasser aucunement, s'il désire d'estre bien logé et accommodé aux champs : s'asseurant qu'au rencontre de ces

(1) Jacques Bujault recommande avec raison aux fermiers de ne prendre que la quantité de terre qu'ils peuvent fumer. Il dit dans ses proverbes agricoles : *Un hectare bien fumé en vaut deux qui le sont mal. Ce n'est pas ce qu'on sème, c'est ce qu'on fume qui produit.* (N. E.)

cinq seules qualités, avec leur suite, treuvera de quoi raisonnablement se contenter.

Je ne discours ici de l'ordre qu'avés à tenir pour l'asseurance de tels acquets: si ce sera par achapts, eschanges, donations ou autres légitimes et ordinaires tiltres. Je présuppose que n'y procéderés qu'avec bon conseil et avis. Autre adresse que générale ne vous pourroit aussi estre donnée en telles matières, c'est de bien aviser de vous garder d'estre enferré, en contractant inconsidérément avec un mauvais vendeur: d'aller retenu, et, si possible est par authorité de justice, qui est la plus seure voie, en l'acquisition d'un bien du roi, d'un bien d'église, d'un bien sujet à substitution ou restitution: de celui d'une femme mariée; d'un mineur; d'un endebté et hypothequé; d'un furieux; d'un prodigue, à ce que tant plus gaiement le répariés et agenciés, que moins aurés à craindre, ne l'envie de l'avenir, ne tel bien pouvoir jamais estre par aucun évincé: vous représentant aussi, que qui bien acquiert, bien jouit, et que s'il y a de fols vendeurs, il y a aussi de fols achepteurs. Donques, pesant ces circonstances, sans vous eschauffer ne refroidir qu'avec raison, vous hastant lentement, négotierés en cest endroit avec retenue diligence, afin que l'occasion passée, n'ayés matière de vous repentir, pour avoir excédé en l'une ou en l'autre.

CHAPITRE III.

La manière de mesurer les terres.

Nous supprimons ce chapitre, qui est long, aride, et qui n'offre plus aucun intérêt pour les agriculteurs.

Le système métrique a heureusement établi l'unité pour toute la France, et a apporté l'ordre, la clarté, la précision, dans ce cahos de mesures qui variaient non-seulement pour chaque province, mais souvent pour chaque localité.

(N. E.)

CHAPITRE IV.

Disposer la Terre selon ses propriétés.

Pour bien entendre la propriété de la terre, la recerche des facultés du ciel sous lequel vous habités, est du tout nécessaire. Sans ceste correspondance en vain on laboureroit. Car quel fruict peut apporter la terre sans le bénéfice du ciel? Ce sont les climats qui par influences célestes donnent loi à la terre, à laquelle on ne doit s'affectionner à faire porter autre chose que ce qu'ils lui permettent, si on en veut avoir profit. Car pour le plaisir, on renverse, par manière de dire, l'ordre de nature. Mais cela appartient particulièrement aux rois, princes et grands seigneurs, que de contraindre la terre, posée sous aer froid à porter des cannes-de-sucre, des oranges, limons, citrons, ponciles, poivres, olives, et autres matières propres ès climats méridionaux: comme en plusieurs endroits de la France, en diverses grandes maisons telles magnifiques beautés se voient avec merveille. Nostre père-de-famille pour le principal de son mesnage, ne cerche tant de délicatesses, ains seulement les fruicts que sa terre lui produit volontairement, avec raisonnable culture, et sans excessive dépense; bien-que pour le service des grands, je monstrerai les moyens de rendre la terre obéissante, pour extraordinairement porter ces précieuses choses.

En certaines contrées, la terre ne produit qu'herbages: en d'autres, que blés: et ailleurs, que raisins: si qu'il est raisonnable distinguer la terre en trois parties, donnant la première, comme aussi la plus antique, au bestail, qui se nourrit ès herbages. La seconde, au pain, qui se fait des blés. Et la troisième, au vin, venant des raisins; qui sont les principaux alimens desquels sommes substantés: pour, le bon mesnager, faire là dessus son compte, de s'estudier à ce d'où le plus de son bien doit procéder; afin de se rendre sçavant en son administration, selon les propriétés de son lieu. Le prenant donques de ce biais, dirai que s'il est en pays d'herbages, les prairies, les eaux pour les arrouser, les bois, pastis, la cognoissance du bestail, sa nourriture et sa débite, seront toute son estude. Si en lieu de grains, le labourage des terres, le bon bestail pour y ouvrer, les outils, les semences, leurs saisons, la façon et l'ordre pour couper les blés, les batre et serrer, en retirer des pailles, occuperont le plus de son esprit. Si en lieu où seule la vigne croist, ne pensera qu'à choisir les bonnes races de raisins, planter les margouttes et les crossettes, les provigner, tailler, marrer, et autrement traicter sa vigne, selon son mérite et propriété du climat, faire, loger, et conserver les vins. Mais, où par le bénéfice du ciel, tempérament du climat, et douceur du fonds, la

terre se treuve propre et facile à porter foins, blés, et
vins, et par conséquent, bois et arbres de toutes espèces :
à faire jardinages, garennes, estangs, colombiers et autres
commodités ; nostre père-de-famille sera parfaictement
bien pourveu, ayant par ce moyen chés soi presque tout
ce qui est requis à l'entretenement de ceste vie, jusques
aux habits pour soi et sa famille. Aussi aura-t-il beaucoup
plus de souci, d'autant qu'il lui sera nécessaire tendre
son esprit à toutes négociations rustiques ; si non contraires, à tous le moins différentes par entr'elles : n'y
ayant autre sympathie entre le berger, le laboureur, et le
vigneron (discordans au reste par leurs exercices séparés)
que de tendre tous ensemble à ce but, de nous administrer les divers fruicts dont sommes nourris. Harmonie
pareille à celle du luth et semblables instruments de
musique, provenant de l'inégalité et diversité de leurs
cordes.

Donques, faudra que tel père-de-famille, commandant
généralement sur toutes les parties de son terroir, sçache
l'ordre particulier qu'il a à observer en chacune d'icelles,
pour en retirer le digne rapport. Se représentera le général-d'armée, qui pour obtenir la victoire commande plusieurs hommes, divers en mœurs, en langues, habits et
exercices ; se fournit de diverses armes et munitions ; et
s'emploie à diverses expéditions tant pour l'offensive que
défensive. A son exemple, nostre mesnager vigoureusement cultivera sa terre, ainsi qu'il appartient, se roidissant contre les difficultés, et selon que chacune de ses
parties requiert labeur et industrie ; qu'il confessera estre
convenablement appliquées, puis qu'il est question de la
jouissance de tant et de si divers biens que Dieu nous
donne par l'agriculture, qui est le but de nostre mesnage.

Nos premiers père ont ainsi ordonné de la terre, que
de préférer les herbages à tout autre sien rapport : pour
leur simplicité de vivre, se contentans presque du seul
revenu du bestail. Mais les hommes des siècles d'après,
ne s'arrestans à telle sobriété, ont préposé les blés et vins,
au bestail, le mettant au troisiesme degré de la mesnagerie. Suivant laquelle règle, je tascherai de conduire le
père-de-famille au droit usage de ceste industrie champestre, commenceant par le labourage des terres à grains :
qui sera suivi de la culture des vignes : puis de la nourriture du bestail. Après, toutes-fois, avoir préparé la terre
à souffrir tels divers traictemens, selon ses distinctes

capacités. Pour un préalable considérera nostre mesnager, que bien-que son climat, pour son tempérament, favorise toutes sortes de fruicts, c'est néantmoins avec quelque inégalité, procédante de la faculté de la terre: afin de s'arrester là où plus encline le naturel du fonds. C'est que si la terre se délecte plus à porter du foin, que du blé, son principal vise au foin: si du blé, que du vin, au blé: et ainsi en suite. Par ce moyen en tirera-il mieux la raison, que la prenant d'autre biais. Ici est à souhaiter, le plus du domaine estre employé en herbages, trop n'en pouvant avoir, pour le grand bien de la mesnagerie: d'autant que comme sur un ferme fondement, toute l'agriculture s'appuie là dessus: aussi void-on que moyennant le bestail, tout abonde en un lieu; tant pour le denier liquide, qui sans attente en sort, que par les fumiers causans abondance de toutes sortes de fruicts. Partant s'il peut ordonner de sa terre à volonté, ayant la carte blanche, c'est à dire, un terroir neuf, assés fertil, sans sujection, favorisé du ciel, pour rapporter toutes commodités, convenablement le détaillera et employera-il, si sous ces maximes il assujettit ses desseins.

Que les deux tiers du domaine soient donnés à la forest, prairies et pasturages (1): et le restant aux autres parties en général, selon les distinctes qualités de chacune, et que mieux s'accordera. Que nostre père-de-famille conserve chèrement ses bois: au coupper, allant tellement retenu, que ce soit pour la seule nécessité qu'il en prenne, ou pour l'importun empeschement. Qu'aux lieux plus bas, soient les estangs, saussaies, peuplaies, tremblaies, aunaies, ozeraies et semblables bois aquatiques, et en suite les prairies. Aux plus hauts, les forests et bois sauvages, secs, de toutes sortes, avec les pastis pour le bestail, taillis pour buissons et garennes. Ès moyens ou coustaux, tempérés d'humidité et de sécheresse, les terres-à-grains, vignobles, jardinages, vergers d'arbres-fruictiers: avec toutes-fois ce particulier despartement, qu'ès plus relevés et plus maigres de tels endroits, les vignes ayent quartier: et ès plus abaissés et gras, les blés. Qu'ès terres plus argilleuses que sablonneuses, et aer plus

---

(1) Jacques Bujault recommande aux fermiers d'avoir le tiers de leurs terres en prés. Il ajoute: « Il n'y a point de terre où l'on ne puisse faire un pré d'une espèce ou d'une autre. »

(N. E.)

chaud que froid, il sème plustost du froment que du seigle : ès plus sablonneuses, qu'argilleuses, et aer plus froid que chaud, du seigle que du froment. Que pour le décorement de son lieu, il dresse les avenues de sa maison de tant loin qu'il pourra, par longues et larges allées, droictement alignées, et au parterre bien unies, qu'il fera passer à travers de ses forests, si faire se peut, sans grande tare ; ou bordera ses allées d'arbres de ceux qui seront de plus facile acroist, et de plus grand profit et plaisir. Ainsi aura la maison de nostre mesnager plaisant et agréable abord : et son domaine par telle juste proportion ainsi détaillé et bien mesnagé, moyennant raisonnable estendue, et la faveur d'en-haut, se rendra capable d'entretenir une grande et honorable famille.

CHAPITRE V.

Dessein du Bastiment champestre.

Comme ce discours est général, pour monstrer en gros ce qu'il convient faire de chacun terroir, selon sa portée ; aussi la disposition du logis pour les hommes et pour les bestes, sera en cest endroit traictée généralement, réservant en son lieu à particulariser et la culture de la terre, et la diversité des bastimens, pour instruire le père-de-famille du moyen qu'il doit tenir à s'accommoder de l'un et de l'autre, en mesnageant, sans excessive despense et longueur.

Deux choses sont requises aux bastimens : assavoir, bonté et beauté, afin d'en retirer service agréable. Par quoi joignans ensemble ces deux qualités-là, nous asserrons nostre logis des champs en lieu sain, et le composerons de bonne matière, avec convenable artifice : dont sera évité le tardif repentir, qui tous-jours suit l'inconsidéré avis de ceux qui bastissent.

Donques avant qu'entrer en despense, présupposé vostre pays estre sain, encores faudra-il en choisir la partie la plus salutaire, plus plaisante pour vostre habitation, et la plus mesnageable, selon la portée de vostre bien : accommodans ces trois considérations, le mieux que faire se pourra, par l'avis de plusieurs gens d'esprit, entendus en telles matières, qu'aurés assemblés auparavant, comme en consultation.

Les anciens ont ordonné le bastiment champestre à demi-montaigne, regardant le midi, estimans telle assiete la plus salubre, par estre couverte de la bize, à l'abri, reculée de la rivière (qui est souvent mal-saine), avoir la veue assés haute et longue, et n'estre trop humide, ni aussi trop desnuée d'eau. C'est bien à la vérité l'assiete préférable à toute autre : néantmoins, comme les choses de ce monde ne sont parfaictement accomplies, estant chacune commodité suivie de son contraire, en telle assiete se rencontre ce mal, que le logis est commandé par la partie de la montaigne relevée : ainsi y défaut-il ce poinct, qu'il ne peut estre du tout fort, comme plusieurs désirent ; le temps nous ayant fait prendre garde de ce notable article.

Les montaignes sont trop sèches et venteuses : les plaines, trop humides et fangeuses. Si ès montaignes on a la veue longue, les yeux s'y promenans à l'aise, leur difficile accès donne beaucoup de peine aux pieds : comme aussi l'importunité des fanges rabat du plaisir des longs promenoirs de la plaine.

Ces choses considérées, se faudra tenir à la première résolution, qui est de se servir du lieu qu'on a, duquel la meilleure et plus salutaire partie sera prinse, pour bastir comme a esté dit, afin d'y pouvoir séjourner commodément, pour la santé, pour la seurté, pour le profit et pour le plaisir. Ne pouvant prescrire loi certaine, où, comment, et de quoi édifier l'habitation champestre, chacun s'accommodant selon ses moyens et le lieu auquel il est assis, qui le plus souvent, imposant nécessité, contraint dresser le bastiment autrement qu'on ne souhaiteroit. Et soit ou montaigne, ou coustau, ou plaine, avec l'artifice et despens requis, on se logera très-bien : comme d'infinies et diverses sortes d'assietes, se voient plusieurs bonnes maisons, accompagnées de grandes commodités. A quoi prenant garde de près, on treuvera que quelque bigearre et rebours que soit le lieu, il se peut néantmoins ageancer.

Le logis sera proportionné aux terres d'alentour, d'autant qu'il faut que de là sortent les despenses du bastiment et de son entretien. Et c'est le dire de *Caton* et autres anciens, qui ont commandé de commencer la maison par la cuisine : c'est-à-dire, regarder premièrement au revenu. Se donnera-on aussi garde des fautes (pour les prévenir) qu'en cest endroit firent ces deux grands mes-

nagers romains, *Quintus Scevola*, et *Lucius Lucullus*;
dont l'un bastit trop petit logis, et l'autre trop grand;
chacun d'eux avec incommodité. Car c'est perte de n'a-
voir lieu assés ample, pour vous loger à l'aise avec vostre
famille, pour recevoir vos amis, et pour serrer les fruicts
que vostre terre porte et le bestail qu'y nourrissés:
comme au contraire, c'est jetter son argent dans la rivière,
voire se ruiner et desfaire soit-mesme que bastir trop
amplement et sans nécessité. Et faut qu'à la longue la
vanité de telle entreprise soit la fable du peuple, quand
ayant basti une grande et superbe maison, elle demeure
vuide par faute de revenu: et qu'il falle employer plus de
temps à la balier, qu'à en labourer les terres: et qu'enfin
on soit contraint pour en payer les serrures, vendre et la
maison et le domaine, et faire acheter ses folies à autrui.

Puis que la proportion du logis se mesure par le fonds,
il ne seroit à propos en cest endroit d'en faire l'ordonnance, laissant à chacun la liberté de se loger à l'aise
selon ses moyens: joinct que comme de tous les hommes
de la terre, deux visages ne se ressemblent entièrement;
ainsi en est-il des maisons: lesquelles se diversifient les
unes des autres, autant que diverses en sont les situations,
revenus, matières, ouvriers qu'on rencontre, et fantaisies
des seigneurs; pour lesquelles raisons ne peut-on s'arrester à une seule façon de bastir, comme aussi non-
nécessaire. Suffira au père-de-famille d'observer le mieux
qu'il pourra les générales règles de l'art, selon les adresses de ces poincts généraux: que s'il est en pays froid,
ses principales veues et ouvertures regarderont le midi:
si en chaud, le septentrion: si en tempéré, le levant ou
couchant; afin que le logis soit exempt des injures du
pays, provenans des froidures, chaleurs et vents: à tout
le moins telles intempéries soient en ce faisant adoucies et
modérées. Ainsi se rendra belle sa maison, et aprochante
de ce qu'il y désire. Et d'autant qu'on ne peut jamais
aller tant justement, qu'en laissant le milieu on ne chée
en quelque extrémité: il vaut mieux que nostre mesnager
tumbe de ce costé, de faire sa maison un peu trop grande,
que trop petite: parce qu'avec la bénédiction de Dieu sa
famille s'accroist de jour à autre, et en bien mesnageant,
la quantité des fruicts de sa terre s'augmente: la faire
trop forte, que trop foible, pour résister aux incursions
des ennemis du repos publiq: d'en faire les murailles trop
espesses, que trop minces; pour pouvoir tenir ferme con-

tre les vents, pluies, neiges, chaleurs et autres violences
des temps, qui offensent les édifices, plus toutes-fois ceux
de la campagne, que des villes ; par estre ceux-ci accom-
pàgnés ; et ceux-là par leur solitude, faut que d'eux-
mesmes subsistent contre de telles injures.

Estant donc question de mesnage, il lui faut nécessairement assujettir l'édifice, et l'approprier à ce à quoi il
est destiné, suivant la commune observation de toutes
sortes de personnes, qualités et estats. Les bestes mesme
nous enseignent à nous loger. Chacune selon son espèce,
dispose sa retraite et petit logis avec admiration, et n'a-
vient jamais qu'elles se déçoivent en leurs desseins, pro-
portionnans leurs bastimens à leur usage. Entre un
million de bestes, représentons-nous la seule abeille,
laquelle nous apprendra de quoi, quand, et comment nous
bastirons. Nous treuverons que ce doit estre du nostre,
au besoin, et avec artifice et diligence. Et bien qu'ès bastimens y coure grande despense, si nous en faut-il avoir
pourtant pour nostre usage, ne nous en pouvant nullement passer, quelque cherté qu'il y ait ; dont comme du
blé estant à prix excessif, nous nous pourvoirons, seulement pour la nécessité. Ainsi n'entreprenans rien outre
nos forces, et plus que de besoin, nous tascherons, en
nostre bastiment, d'espargner tant qu'il sera possible,
sans nous enfoncer en l'abysme de la richesse de la taille,
pierre ou bois, laissans tels et superbes ornemens aux
grands seigneurs.

Mais quelque petit que l'entreprenions, pour éviter la
despense, si ne peut-il estre que grand, pour le rendre
capable de nostre intention : car devant que quartier soit
donné à gens, à bestes, et à fruicts, c'est merveille du
grand espace qu'il convient avoir. Aussi est-ce un por-
traict d'une république, que la seule maison de mesnage
bien disposée ; où en petit volume, et comme par un
modelle, toutes les parties d'une ville se voyent. Autrement elle demeureroit manque et imparfaicte, et ne seroit
estimé homme d'entendement, celui qui ayant à commencer une maison en raze campagne, sans sujection ne servitude aucune (comme avient ordinairement ès ville),
pouvant jetter ses fondemens, faire ses veues, et escouler
ses immondices à volonté, disposeroit sa maison mal-à-
propos dès le commencement. Mesme je dis, que les bastimens mal projettés, sont communément de plus grande
despense en leur fabrique que les autres : d'autant qu'il

convient souventes-fois, refaire plusieurs choses aux édifices, par faute de bonne ordonnance.

Or, serés-vous bien logés, si suivant les précédentes règles de la situation, et les générales de l'architecture, touchant la proportion, vostre maison a belle et plaisante entrée : porche : basse-court : l'eau au milieu, par fontaine, puits, ou cisternes : galeries couvertes à arceaux : celier pour les cuves, tinnes et pressoirs : grand lieu à tenir le bois de chauffage : autres, distincts et se joignans ensemble, à serrer huiles, fourmages, cuirs, et semblables provisions de réserve, requérans telle basse situation : deux ou trois caves pour les vins, dont la facile descente invite le père et la mère-de-famille de les aller souvent visiter, comme en se premenans, pour le bien de leur mesnage. Aisée montée aux estages du logis, par escalier-à-repos, vis, ou autrement : cuisine, accompagnée de tous ses offices ; assavoir, charnier, boulengerie, fournil, serre-pain, serre-linge, buanderie, serre-vaisselle, garde-manger, laicterie à faire les fourmages, et autres lieux pour les tenir : une ou deux salles : sept ou huict chambres pour toutes saisons, pour vous, vos enfans, petits et grands,|nourrisses, chambrières, maistres d'eschole, amis survenans de diverses qualités ; chacune chambre accommodée de garde-robes, privez, et cabinets, pour aucuns desquels servir à garder tiltres, papiers, linges, et meubles de réserve. Si ès galletas, du costé de septentrion sont dressés des privez communs pour les serviteurs, et d'autres pour les servantes, avec leurs montées séparées, pour l'honnesteté. Si au feste et sous les couvertures du logis droictement sur la porte principale d'icelui, est la chambre des serviteurs, grande et spatieuse, pour estre là comme en sentinelle, ayant l'oreille et l'œil sur la grand-court et escuries. Si près de-là sont les greniers à serrer blés, légumes, fruicts des arbres, chanvres, lins et autres matières de garde. Si au plus haut et eslevé endroit du logis, sur la montée ou ailleurs, est bastie une belle terrasse, pour y sécher des fruicts, et s'y récréer voyant l'aer à descouvert (digne commodité des maisons assises en lieu bas) à laquelle estant joincte la mirande, pour l'aisance d'y estendre la buée à couvert en temps pluvieux, lors s'y promenant des yeux et servir à autres usages, ce sera pour ne défaillir aucune commodité en la maison. Laquelle estant ainsi disposée, et contenant deux estages habitables, l'un sur l'autre, pourra monter de six à sept toises, la mesurant depuis le rez-de-chaussée et plan de la basse-court, jusques à l'entablement et sous les couvertures: sans y comprendre les caves estans sous terre, le lieu le requérant, ne les tours, terrasses et mirandes excédans le logis ; qui sera en-dehors entièrement flanqué par tours rondes ou quarrées ou autres recoins et avancemens, comme viendra le mieux à propos, afin d'estre tant plus fort : et pour mesme cause sera environné d'un large et profond fossé rempli d'eau, ou la maison assise sur le pendant d'un rocher, qu'on ne puisse gravir, selon toutes-fois la propriété des lieux, qui donnent loi à tous édifices.

Faudra percer des deux costés, les principaux membres de la maison, tant pour leur donner jour à suffisance, que pour la santé, laquelle se rend meilleure par le libre passage de l'aer. Donnant néantmoins le levant à vostre salle et à vostre chambre, afin d'y estre le séjour agréable dès le matin, le soleil y entrant. Le restant des membres, comme indifférens, seront posés selon que mieux s'accordera : exceptés les greniers, caves, et lieux à conserver papiers et meubles, qui auront quelque ouverture vers le septentrion, pour estre cest aspect-là, moins sujet à corruption que nul autre.

La grange, escueries, bergeries, et autres logis de bestail, ensemble leurs greniers pour serrer leur fourrage, foins, pailles, feuilles, pour nourriture durant l'année, seront posés du costé du couchant de vostre maison, si faire se peut, quinze ou vingt toises esloignés d'icelle : faisant entre-deux une grande court, où y aura tant de logis par estables séparées, petites et grandes, qu'il puisse suffire à contenir à l'aise tout vostre bétail, selon leurs espèces et vos moyens. Dans laquelle court, et en l'un de ses costés, près la principale entrée, sera bastie la maison du mestayer ou fermier, faisant cultiver vostre terre par serviteurs domestiques. Un grand couvert, comme hale de marché, y sera dressé, pour à l'ombre et hors l'importunité du temps, y reposer coches, carrosses, charrettes, tumbereaux, charrues, socs, et semblables choses de mesnage : mais ce sera en tel endroit que les charrettes y puissent librement entrer et sortir, à l'un des costés de la court, si possible est, afin d'occuper tant moins de place. Aussi servira tel couvert, de boucherie, y tuant les bestes pour la provision de la maison : et pour, en temps pluvieux, neigeux, venteux et froid, y charpenter, tailler des pierres, accoustrer des perches, lattes et osiers pour les vignes, et y faire plusieurs autres ouvrages, en mauvais temps, plus commodément qu'à découvert.

Dehors et près des estableries, reposeront les fumiers, dans deux ou trois grands lieux, un peu creusés au milieu et pavés au fond, pour y retenir la graisse : dans lesquels, si la commodité le porte, l'eau sera mise et retirée quand on voudra ; et seront ces lieux assis en teste des prairies ; afin que les engraissements y vuident par les pluies, pour lesquels fortifier, l'esgout des pluies venant de la court et des chemins voisins, y découlera. Là jettera-on les fumiers à mesure qu'on les sortira des estables, pour s'y achever de pourrir : aussi les balieures de la maison, cossats, troncs de choux, et autres reliefs du jardin, dont les fumiers seront d'autant augmentés, d'où seront retirés à mesure du besoin, selon qu'on les employera. Ce sera grand avantage pour la poulaille, si tels fumiers sont posés à l'abri de la bize : d'autant que quelque froid qu'il fasse, elle treuvera là quelque vermine à manger ; à quoi est requis d'aviser, pour ne perdre telle commodité.

Vos jardinages et vignobles, unis ensemble, enfermés dans un grand parc, seront posés près de vostre maison, du costé du levant ou midi, tant pour le plaisir d'avoir la veue sur telles beautés (plus plaisante que du septentrion, mesme ès pays tempérés) que d'estre parés par le bastiment, de la violence de la bize. Desquels jardins et vignes, destournerés la bale et bourriers des blés battus en l'air, de peur que les herbes et fruicts n'en eussent à souffrir, y estans portés par les vents ; observation particulière pour les endroicts méridionaux, où l'on bat les blés en campagne. Dans ces jardinages entrerés par une poterne faicte au derrière de vostre maison, pour facilement vous y aller promener, sans passer par vostre grande court ; commodité plaisante et profitable selon le cours des affaires.

Ces avis suffiront pour la générale disposition d'une maison champestre de passable revenu, sans m'arrester à la sumptuosité et magnificence des grands seigneurs, afin de n'excéder les limites de mon intention. C'est toutes-fois sous les propriétés des provinces, chacune ayant presque sa particulière façon de bastir, mesme pour le respect du mesnage, ausquelles conviendra s'accommoder. Car d'une sorte l'on dresse le bastiment champestre ès-lieux esquels les blés sont battus à couvert, et d'une autre où l'on fait ce mesnage en campagne, comme cela se remarque en voyageant par ce royaume. Ici ajousterai-je seulement la considération requise à la situation de la cuisine, principale partie de la maison, pour l'asseoir si bien que l'issue en soit petite ; c'est-à-dire, que le bien ne s'y consume trop tost. ou plus que de raison, ains qu'estant mesnagé comme il appartient, et avec honneste frugalité, il y en puisse plus tost avoir de reste que de faute au bout de l'année.

La cuisine donques, à telle cause sera posée au premier estage de la maison, au plan et près de vostre salle, de laquelle entrerés dans vostre chambre : par ainsi ceux qui sont dans la cuisine par l'approche de la salle et de la chambre où estes souvent, s'en treuvent contrerollés, et réprimées les paresses, crieries, blasphemes, larcins des serviteurs et servantes. Mesme la nuict, quand les servantes, sous prétexte de fourbir leur vaisselle, faire leur buée et autres ordinaires mesnageries, demeurent bien tard dans la cuisine : mais vous sentans près d'elles, n'auront lors moyen de ribler avec les serviteurs, à l'aise et sans crainte : ainsi que cela est facile et commun en la cuisine basse, le maistre et la maistresse estans retirés en leur chambre en haut, loin d'elles, et laissées comme en pleine liberté.

Cest avis ne s'accorde avec celui de plusieurs personnes, lesquelles conduites plus par coustume invétérée que par raison, posent la cuisine au plan de la basse-court : ne se prenans garde que c'est la pire assiete de la maison, pour contrarier à la santé, à la seurté, et à l'espargne. Entièrement saine ne peut estre la cuisine basse, à cause de l'humidité dont elle abonde et de l'aer qui lui fait défaut : dont telle assiete se treuve la pire de la maison. Et estant d'elle-mesme la cuisine assés baignée, par la continuelle mesnagerie, la raison voudroit, domptant ce mal, d'employer plustost à cest effect le plus sec et esventé, que le plus humide et estouffé endroit du logis. Non plus seure, donnant la bassesse de ses fenestres facile accès au diabolique boudin, et à autres maudites inventions que nostre misérable siècle a produites : aussi moyen aux passans d'entr'ouir et d'entre-voir ce qu'on y dit et fait, où ce seroit qu'elles respondissent sur la basse-court, ou autrement que le lieu les rehaussast de lui-mesme. Heurtant à la porte principale de la maison, le plus souvent elle est inconsidérément ouverte, par ceux qui sont dans la cuisine basse, par paresse ou incommodité de monter en haut, pour recognoistre si c'est ami ou ennemi, dont la maison est exposée en danger. Et quant à l'espargne, telle ne peut estre en la cuisine basse qu'en la haute, tant pour les raisons dictes, que par n'estre possible tenir l'œil, ainsi qu'il appartient, sur les pilleries qui se commettent par plusieurs larronneaux, lesquels sous ombre de pauvreté ou autre prétexte, tournoient une bonne maison : à quoi les invite la facile entrée en la cuisine basse. Chose qu'ils n'entreprennent si hardiment, quand ils sont contraints s'aheurter à la cuisine haute, pour la difficulté de l'accès.

Et n'y fait rien de dire que la cuisine basse soit à préférer à la haute, pour son aisée entrée et sortie, commodité de disposer à plaisir tous les offices de mesnage, et estre près de l'eau : puis que de tout cela on se peut aussi bien accommoder au premier estage, qu'au rez-de-chaussée et plan de la basse-court. Mesme la montée y sera autant aisée qu'on voudra, par escalier-à-repos, vis, ou autrement : n'y défaillant autre chose que la fontaine, qui possible n'y pourra monter pour le naturel du lieu. Mais quant au puits et cisternes, en jouirés comme il vous plaira : n'estant (par ce seul défaut de la fontaine, qui toutes-fois ne sera trop esloignée, coulant dans la basse-court), raisonnable vous priver sciemment des susdites commodités, des plus importantes du mesnage. Car en vain ferés labourer vos terres, et en serrer curieusement les fruicts dans les greniers, si de là, transportés comme dans un sac percé, se dissipent désordonnément : comme cela avient plus facilement en la cuisine basse, qu'en la haute. Par ainsi ceux se trompent qui ne cassent plutost leurs vieilles cuisines basses, que d'en édifier des nouvelles. N'estimant autre chose devoir recommander la cuisine basse, que la frescheur qu'on y trouve plus grande en esté, et moindres les vents en hiver, qu'en la haute. Lesquelles deux commodités nostre père-de-famille contre-pesera avec les autres, pour en tirer ceste résolution, que vivant à son aise, sans importunité de froidure et chaleur selon son climat, il puisse très-bien mesnager, but de son négoce, sans s'esloigner de ses gens que le moins qu'il pourra, puis que sa présence est tous-jours requise. Autrement ce seroit contre-faire les grands sei-

gneurs, qui non seulement se servent de cuisines basses,
ains ont des corps de logis séparés pour leurs offices :
mais comme leurs moyens ne sont communiqués à tous,
aussi de tous ne peuvent-ils estre imités.

Le dire de Messire *Anne de Montmorenci* connestable
de France est remarquable, que le gentil-homme ayant
atteint jusques à cinq cens livres de revenu, ne sçait plus
que c'est de faire bonne chère ; parce que voulant tran-
cher du grand, mange à sa salle, à l'appétit de son cuisi-
nier, où auparavant prenant ses repas à sa cuisine, se
faisoit servir à sa fantasie. Pour donques compenser ces
choses, nostre mesnager aura une anti-cuisine, qui lui
servira de sallette ou mangeoir ordinaire, au travers de
laquelle de nécessité conviendra passer allant à la cuisine :
par ce moyen estant noblement servi en son vivre, sans
se mesler avec la lie de ses domestiques, tiendra en office
tous les siens : lesquels se rendront plus obéissans et
mieux morigenés par telle proximité, qu'estans plus reculés de sa présence.

Par semblable raison, ceux se sont le plus déceus, qui
le plus ont esloigné de leurs maisons, les granges, estableries et logis du bestail, quoi-que fondés en ce principalement, que ne tenans près d'eux la grossesse du
mesnage, sans bruit et à l'aise vouloient vivre de leur
revenu. Mais l'expérience monstre qu'estant telle mesnagerie ainsi reculée, le seigneur est privé de la liberté de
pouvoir commodément tenir son bien à sa main : ou le
tenant d'estre contraint laisser son bestail à l'abandon, et
ses gens aussi ; pour, loin de sa présence, estre mal servi,
et despendre la moitié plus, que faisant manger ses serviteurs en sa cuisine. Et quand mesme il seroit résolu de
bailler tous-jours son domaine à ferme, tel esloignement
lui oste le moyen de contrerolier son fermier, de se servir de lui en divers endroits, et de se garder du desgast
des bois, fruicts, et autres choses, lui avenant à toutes
heures, par lui, par ses enfans et serviteurs ; et ce avec
plus d'intérest, que plus se treuvent reculés de sa présence, cuidans estre en pleine liberté. Joinct que tel
esloignement, estant le bien affermé ou non, rend la maison plus solitaire et moins fréquentée que ne requiert le
logis des champs, que si elle estoit accompagnée de la
mesnagerie, pour aucunement dompter sa naturelle solitude. Pour lesquelles très-importantes causes, ayant nostre père-de-famille à bastir à neuf, sera amonnesté de ne

faillir en si beau chemin, ains de poser le logis de son fermier et de ses bestes, non plus loin de sa maison, que de la mesure susdite, si escuse légitime ne l'en destourne. Et aussi de remuer plutost près de soi ses vieilles estableries, que de despendre de l'argent à les réparer.

L'eau et le bois suivent nécessairement le logis : car comment peut-on vivre sans ces deux alimens? Je n'en traicte toutes-fois ici, pour, en ce commencement, ne lasser le lecteur du discours de telle longue matière : le réservant ailleurs, où le moyen de se pourvoir de ces commodités sera soigneusement représenté.

CHAPITRE VI.

De l'office du Père-de-famille envers ses domestiques, et voisins.

Ces choses seroient vaines sans bon gouvernement, ne pouvant en ce monde rien subsister sans police. En quoi reluit la providence divine d'autant plus, qu'on void l'ordre qu'elle a establi en nature marcher continuellement son train sans interruption : ayant donné à aucuns le sçavoir commander, et à autres, l'obéir; dont par ce moyen chacun est retenu en office, pour la conservation du genre humain.

Pour un préalable donques, nostre père de famille sera averti à s'estudier à se rendre digne de sa charge; afin que sçachant bien commander ceux qu'il a sous soi, en puisse tirer l'obéissance nécessaire (ce qui est l'abrégé du mesnage) taschant pour en venir là, de changer, ou du moins d'adoucir, les humeurs qu'il pourroit avoir contraires à tant louable exercice, par n'y estre né. Moyennant ce, et la faveur du ciel, ne doutera de venir tres-bien à bout de ses desseins, bien que pour les mettre en exécution, il soit contraint se servir

. . . . Des hommes de nul prix
Dont les corps sont de fer, et de plomb les esprits.

En cela imitant le général-d'armée, qui employe aux fortifications, des pionniers, n'ayans, comme bœufs, autre valeur qu'en la force, sans esprit ni entendement. Sur ce sujet, dit le poëte,

> Que son vers chante l'heur du bien-aisé rustique,
> Dont l'honneste maison semble une république.

Ainsi, je m'adresse au gentil-homme, et à autre vertueux personnage, capable de raison, qui ayant délibéré faire valoir le bien que Dieu lui a donné, ou par ses antecesseurs, ou par ses honnestes acquests, se résoud à prendre joyeusement la peine de le faire cultiver, par serviteurs domestiques, ou par fermiers : pour, sur telle matière, lui donner des avis du tout nécessaires, qu'il amplifiera lui-mesme, par son bon sens et ses expériences.

Ce lui sera un grand support et aide, que d'estre bien marié, et accompagné d'une sage et vertueuse femme, pour faire leurs communes affaires avec parfaite amitié et bonne intelligence. Et si une telle lui est donnée de Dieu, que celle qui est descrite par *Salomon,* se pourra dire heureux, et se vanter d'avoir rencontré un bon thrésor : estant la femme l'un des plus importans ressorts du mesnage, de laquelle la conduite est à préférer à toute autre science de la culture des champs. Où l'homme aura beau se morfondre à les faire manier avec tout art et diligence, si les fruicts en provenans, serrés dans les greniers, ne sont par la femme gouvernés avec raison. Mais au contraire, estans entre les mains d'une prudente et bonne mesnagère, avec honorable libéralité et louable espargne, seront convenablement distribués : si qu'avec toute abondance, les vieux se joindront aux nouveaux, avec vostre grand et commun profit, et louange. Aussi,

> On dict bien vrai, qu'en chacune saison
> La femme fait ou défait la maison.

Par telle correspondance la paix et la concorde se nourrissans en la maison, vos enfans en seront de tant mieux instruicts, et vous rendront tant plus humble obéissance, que plus vertueusement vous verront vivre par ensemble.

Cela mesme vous fera aussi aimer, honorer, craindre, obéir, de vos amis, voisins, sujets, serviteurs. Et par telle marque estant vostre maison recogneue pour celle de Dieu ; Dieu y habitera, y mettant sa crainte : et la comblant de toutes sortes de bénédictions, vous fera prospérer en ce monde, comme est promis en l'escriture,

Si à ton souverain tu rens obéissance,
En la ville et aux champs tu auras abondance
D'huile, de blé, de vin, de bestail à jamais.

Hésiode, Caton, Varron, Columelle et autres anciens autheurs de rustication, quoi-que payens, ne se peuvent souler de nous recommander d'implorer l'aide de Dieu en toutes nos affaires, comme article fondamental du mesnage. Et puis qu'en nostre agriculture nous recerchons leurs enseignements pour nostre utilité, à plus forte raison devons-nous faire profit de leurs sainctes amonitions, conformes à la piété et religion chrestienne. Par là nous apprendrons de policer nostre maison, spécialement d'instruire nos enfans en la crainte de Dieu, nos serviteurs aussi : afin qu'avec la révérence qu'ils nous doivent, chacun face sa charge, sans bruit, vivans honnestement et religieusement, sagement se comportans avec les voisins. Et pareillement d'aimer les pauvres, pour exercer charité envers eux, leur despartant de nos biens, selon nos moyens et leurs nécessités, desquelles nous-nous enquerrons sur-tout en temps de famine et de cherté. Comme aussi en toute saison des pauvres malades, nécessiteux et désolés, pour leur assister opportunément, de vivres, d'habits, de deniers, de consolations ; ayans au cœur,

Que Dieu accroist et bénist la maison
Qui a pitié du pauvre misérable.

Le père-de-famille aimera aussi ses sujets, s'il en a, les chérissant comme ses enfans, pour en leur besoin les soulager de ses crédits et faveurs : mesme en cas de nécessité, du passage des gens de guerre et autres occurrences, les gardant de foules et sur-charges, d'exactions indeues et simblables violences, que les temps diversement produisent. Leur fera faire bonne justice par ses officiers, du déportement desquels s'enquerra souvent : ne souffrant jamais que sous ombre de justice, ne autre occasion, son nom et sa réputation soient aucunement souillés. Sera sévère punisseur des vices, à ce qu'extirpés de sa terre, Dieu y soit seul servi et honoré.

Ajoustera à ces œuvres pies et charitables, ceste-ci, de s'employer à pacifier les différens et querelles d'entre ses sujets et voisins, les gardans d'entrer en procès, et les en sortir s'ils y sont : à ce que la paix estant conservée parmi eux, il participe lui-mesme à l'aise et repos qu'elle aura produit. Imitant, par son entremise, plusieurs grands seigneurs et gentils-hommes de ce royaume, lesquels, avec beaucoup d'honneur, ont telle exquise partie en recommandation.

N'exigera rien de ses sujets que justement ne lui soit deu : comme au contraire, ne leur quittera, ne laissera courir chose aucune, tant petite soit elle, lui appartenant de ses fiefs ou rentes : et soit blé, vin, argent, chastaignes, poules, chapons, cire, huile, espice, courvées, servitudes, hommages et autres droicts et devoirs seigneuriaux, du tout exactement s'en fera faire la raison, sans rien rabatre, ne laisser accumuler terme sur terme : ou seroit que la pauvreté de l'année, ou autre calamité publique ou particulière, lui fournit matière de faire l'aumosne à quelqu'un de ses débiteurs, le mettant en ce cas, au nombre des pauvres.

Sera honneste envers tous, mesme envers ses parents, amis et voisins ; les caressant de toutes sortes d'amitié et bons offices ; leur faisant bonne chère estant par eux visité, de visage, de courtoisie, de vivres, avec toute libéralité : de quoi il aura tous-jours très-bon moyen, le tirant de son mesnage : car

> Le débonnaire donne et preste,
> Par raison ses affaires traicte.

Et expérimentera véritable,

> Que bien-heureuse est la maison
> Qui d'amis reçoit à foison.

Mettra ses affaires en tel poinct, qu'il soit plustost en commodité de prester à ses voisins, qu'en nécessité d'eux : et si d'aventure il emprunte, que ce soit des moindres choses, lesquelles néantmoins leur seront tost rendues ; croyant que qui bien rend, emprunte deux fois. A quoi parviendra-il, si tous-jours il void à l'œil trois cueillettes de son bien, l'une dans la bource, l'autre ès greniers et caves, et la dernière en la campagne. Et qu'il ajouste à son mesnage, quelque honneste négotiation, laquelle, compatible avec la culture de ses terres, fortifiera la récolte de ses fruicts, d'où sortiront des moyens à suffisance, pour exercer tous offices honnestes, de charité, de libéralité, d'acquests, de réparations. En somme, par là se rendra-il tel que *Caton* désire le père-de-famille : assavoir, plus vendeur, qu'achepteur.

Encores que ce ne soit sans louange, que de sçavoir

seulement bien cultiver la terre, pour en tirer l'ordinaire rapport, nostre père-de-famille surpassant le vulgaire, ne s'arrestera en si beau chemin : ains par nouvelles et bien choisies fondations et réparations, taschera d'augmenter son revenu : sans toutes-fois s'abandonner à l'immodéré désir d'acquérir et réparer. A ce qu'estans ses affections bridées par la raison, il rejette toutes autres inventions, quoi-que subtiles, et dont plusieurs abondent, pour s'arrester à l'affection propre du bon mesnager, qui est de conserver et avaluer son bien : ce que ne se pouvant faire sans despence, se mocquera de ceux, qui sans distinction abhorrent toutes sortes de mélioremens ; par là manifestans leur jugement estre offusqué d'avarice : retenant ceste maxime, *que celui n'a que faire des terres, qui n'aime les réparations.*

Est requis à tout bon mesnager, d'estre hasardeux à vendre, hastif à planter, tardif à bastir ; diligent néantmoins à édifier, après avoir planté, non devant, si nécessité ne le presse, ou quelque bonne occasion ne le pousse.

N'entrera jamais en querelle avec aucun, s'il est possible, pour le péril de l'issue ; semblable aux excès des guerres civiles, tirans en ruine le vainqueur avec le vaincu. Mais au contraire, envers un chacun sera humain et courtois, non cholère ou vindicatif, en tout raisonnable, de facile convention et loyal compte en ses négoces, exacte payeur de ses debtes, prompt à satisfaire le salaire de ses serviteurs et manœuvres. Sera véritable, continent, sobre, patient, prudent, provident, espargnant, libéral, industrieux et diligent. Parties nécessaires à l'homme qui désire bien vivre en ce monde, mesme au mesnager ; estans leurs contraires, ennemies formelles de nostre profit et bonheur, Dieu maudissant le labeur des vicieux et fainéans, et les hommes les ayans en exécration.

Ces belles vertus seront à nostre père-de-famille, des asseurées guides et adresses à la vraie science d'agriculture ; moyennant laquelle noblement il augmentera son bien, dont il recevra d'autant plus grand profit et honneur, qu'avec plus d'industrie et de diligence, il se gouvernera en ses affaires. Et comme oracle de ses voisins, sera imité d'eux ; voyant son labeur prospérer ; faisant devenir bonnes, les mauvaises terres ; et meilleures, les bonnes : voire, de rien (sans mettre en compte les blés, vins, et autres communes denrées) tirer grands revenus, par aqueducts, moulins, prairies, minières, soies, herbes, racines, pour divers usages; et autres choses perdues, que l'homme d'entendement met en évidence, pour son profit particulier et utilité publique. En somme, d'un désert et misérable lieu, laissé en friche plusieurs siècles (comme à la honte de leurs possesseurs et intérest publiq, de tels se treuvent beaucoup en ce royaume) fera-il une très-plaisante, riche, et commode demeure.

Orné que soit le père-de-famille de telles qualités, et rendu sçavant en tous les termes du mesnage, commandera hardiment ses gens, lesquels lui obéiront d'autant plus volontiers, que par expérience cognoistront ses ordonnances estre et raisonnables et profitables : et pour la bonne opinion qu'ils auront conceue de sa suffisance, travailleront de bon cœur et sans murmure : ce qui communément n'avient, quand les mercenaires sont sous la charge d'un qui n'entend ce qu'il veut faire, ains s'en rapporte à autrui ; des commandemens duquel ont accoustumé de se mocquer.

Distinguer l'ouvrier d'avec l'ouvrage, pour convenablement les approprier, est un notable article de mesnage. A telle cause donques, aux plus robustes de nos serviteurs, seront commises les œuvres les plus grossières : aux plus spirituels : celles où l'engin est plus requis que par la force ; et les autres meslées de ces deux qualités, à ceux qui ont et du sçavoir et du pouvoir. Aussi est de grande efficace pour se faire servir, de discerner les humeurs des mercenaires ; pour, selon icelles, commander les uns doucement et les autres rudement. Toutes-fois en nommant par nom, celui ou ceux auxquels on s'adresse : car de commander confusément à toute la troupe, de faire ceci ou cela ; avant que d'y mettre la main, se regardent l'un l'autre, à l'intérest de l'ouvrage, qui en reste en arrière, ou se fait mal. En vain tout cela, sans continuelle sollicitation à leur devoir, par régner presque en toute sorte de mercenaires, une générale brutalité, qui les rend sots, négligens, sans conscience, sans vérgongne, sans amitié : n'ayans autre soin que de faire bonne chère et d'observer le temps de toucher argent. Pour lesquelles causes, il est force que le père-de-famille s'accoustume à se lever ordinairement de grand matin, à telle heure se faisant voir à ses domestiques : à ce qu'estant exemple de diligence, dès-lors chacun se range à sa besongne, pour jouir de l'effect de ces maximes, *que la matinée, avance la journée : que le lever matin, enrichit ; et le lever tard, appauvrit.* Pour ce faire se couchera-il de bonne heure. Sur ce propos dit le sage mesnager,

> Si tu te couches tard, tard tu te leveras :
> Tard te mettras en œuvre, aussi tard disneras.

Ne se mesle donques de mesnage celui qui ne se résoudra à ce poinct, que de conduire lui-mesme ses domestiques et manœuvres, comme le capitaine ses soldats ; de peur que cuidant espargner sa peine, il ne tumbe en honteuse confusion : car,

Non seulement au mesnage telle grande solicitude et vigilance est requise, mais aussi en toutes actions du monde : n'estans mesme les rois exempts de s'employer en personne en leurs affaires, qu'ils font d'autant mieux aller, que plus curieusement les voyent et entendent ; ainsi que ceste maxime se treuve utilement vérifiée au restablissement de ce royaume, par la vertueuse conduite de notre roi Henry IV, heureusement régnant. Mais comme le capitaine a des lieutenans pour le seconder ; aussi, pour son soulagement nostre père-de-famille se pourvoira de quelque habile homme, homme-de-bien, de moyen aage, comme de trente à cinquante ans (un plus jeune ou plus vieil ne lui est propre ; à l'un défaillant le sens, à l'autre la force) ; sur lequel il se reposera aucunement, non entièrement, de toutes ses affaires, desquelles retiendra pour soi la principale administration : mais lui commettra les choses qu'il ne pourroit exécuter lui-mesme sans trop de travail : dont souvent se fera rendre compte, et avec lequel conférera tous les jours de ses besongnes, afin qu'aucune chose n'eu demeure en arrière, par faute de prévoyance. Et gardant son authorité sur tous les siens, parlera souvent avec ses mercenaires ; plus privémeat toutes-fois aux journaliers, qu'aux domestiques : louant ceux qui auront bien fait, et redarguant les autres. Discernera les occasions de se gaudir et courroucer avec eux, pour faire revenir à son profit et l'un et l'autre. Meslera la rigueur avec la douceur, les rudoyant à propos et non continuellement ; tant de peur d'estre estimé chagrin, que de les accoustumer à ne craindre. Comme par le contraire, ne sera trop facile à contenter en son service, treuvant tout bon et bien fait ; ains y remarquera quelque cas à redire, prenant par là occasion de les exhorter à mieux faire : afin qu'ils en soient plus obéissans ; et se défians de leur suffisance, moins glorieux, taschent à se rendre meilleurs serviteurs. Ne se mettra en cholère jusques là, que de renvoyer et donner congé à aucun de ses serviteurs, à toute désobéissance, ou autre légère occasion, mesme à ceux qui sont les plus suffisans, et ès temps les plus nécessaires, esquels difficilement treuve-l'on gens pour faire les besongnes. Aussi se gardera tant qu'il pourra de les injurier et menacer, et jamais d'en venir jusques aux coups, sur-tout avec ses grands serviteurs : lesquels plustost, ne faisans pour lui, il congédiera, après les avoir payés : mais aux petits, ne laissera rien passer de travers : les chastiant, selon leurs démérites, pour leur faire entendre par force, ce que la raison ne leur peut persuader. Deux divers temps recognoist-on en l'année, esquels le flatter-serviteurs est requis, pour abatre de leur perverse humeur, ce qui lors surabonde au détriment des affaires : c'est, entrant en service, et, quand la cueillette des blés approche. En cestui-là, pour le changement d'habitation, et pour la nouvelle habitude, peu de chose les fait desdire : si qu'à la moindre occasion qui s'offre, impudemment se retirent, avec ou sans congé, mesme que cela est sans aucune de leur perte, pour le peu de temps qu'ils vous auront servi : en cestui-ci, à cause de la générale desbauche de toutes sortes de pauvres gens employés ès moissons, où avec la bonne chère, pour le naturel de l'œuvre, quelquesfois les gages de leurs journées sont grands, ce qui les fait repentir de s'estre asservis à vous, et loués à prix, qu'ils estiment petit, dont ils recherchent occasion pour cause de vous quitter, ce que volontiers ils feroient, sans la crainte de perdre ce que leur devés de leur salaire. Par douces paroles donques les retiendrés en office, à vostre utilité, les repurgeans de telles folles fantasies, et ainsi leur ferés passer ces pas glissans.

Ordonnera le mesnager, tous les soirs de ce qui appartiendra pour ses affaires du lendemain, à ce que chacun sçache, où, et en quoi il doit s'employer la prochaine journée, et que dès le poinct du jour se renge à l'ouvrage qui lui aura esté commandé. Conférera souvent avec ses serviteurs de ce qui est requis à ses affaires, soit ou pour la culture ordinaire du fonds, ou pour quelque nouvelle réparation : faisant semblant de suivre leurs avis en ce qu'ils se rencontrent conformes à son intention ; car par telle ruse, Ils travailleront de meilleure volonté, cuidans cela estre de leur invention. Aussi c'est un article de prévoyance, de se résoudre le samedi au soir de ce qu'on a à faire pour la semaine prochaine, mesme ès nouvelles réparations : à ce que dès le dimanche l'on se pourvoye d'ouvriers et autres choses requises. Donnant ce jour-là plus de moyen de communiquer avec les personnes, qu'aucun autre de la semaine.

Selon la portée de leur esprit, le père-de-famille exhortera ses domestiques à suivre la vertu et fuir le vice, afin que bien morigenés, vivent ainsi qu'il appartient, sans faire tort à personne. Leur défendra les blasphêmes, paillardises, larcins et autres vices, ne souffrant iceux pulluler en sa maison, pour demeurer tous-jours maison d'honneur. Leur remonstrera aussi combien la diligence apporte de profit en toutes actions, spécialement au mesnage, moyennant laquelle, plusieurs pauvres personnes ont fait de bonnes maisons : comme au contraire par négligence, infini nombre de riches familles est tumbé en extrême ruine : et qu'en toutes affaires, la négligence est de plus grand labeur, que la diligence, les parresseux estans trompés par les choses rustiques.

Sur ce propos leur alléguera les beaux dicts des Sages, mesme de *Salomon : que la main du diligent, l'enrichit : qu'en temps de nécessité, il ne sera point confus, ayant amassé des biens à suffisance et pour lui et pour autrui : que sa chevance est comme une forte cité : que l'habile-homme en sa besongne, sera au service des rois : que qui labourera sa terre, sera rassasié. A l'opposite : que le paresseux ne voulant travailler à cause de l'hyver, mendiera en esté : que celui qui craint toutes sortes de dangers, qu'il se figure comme des lions en chemin, pour prendre excuse de se tenir dans le lict : qui aime mieux le dormir que le veiller, le ployer les mains, que les estendre au labeur : qui est lasche à la besongne et de cœur failli : qui prend les excuses quand il faut travailler, par orgueil, en ayant honte, est moqué et comparé au fumier et à la pierre souillée d'ordure, et exposé en grande ignominie, par voir ses champs et vignes couvertes d'orties et espines, les cloisons démolies, la pauvreté et la famine le saisir, sans lui rester autre chose que vains souhaits, folles espérances, avec une sotte présomption de soi-mesme, s'estimant plus sage que plusieurs de ses voisins.* Lesquels paresseux il renvoye aux fourmis, pour devenir diligens : à ce qu'ils apprennent à travailler en esté, pour l'hyver. *Pibrac* en dit son avis :

> Ce que tu peux maintenant, ne diffère
> Au lendemain, comme le paresseux :
> Et garde bien que tu ne sois de ceux
> Qui par autrui font ce qu'ils pourroient faire.

Aussi fait *Hésiode* :

> Qui sont labeur va délayant,
> Son profit aussi va fuyant.

Et *Cicéron : qu'en ne faisant rien, l'on apprend à mal-faire*. A ces salutaires discours ajoustoient les antiques : *que la diligence est la mandragore, que le sot vulgaire estime estre entre les mains de ceux qui font bien leurs affaires : que ce sont aussi les charmes, dont se sert le bon mesnager, pour abondamment faire produire ses terres : que c'est la paresse du fainéant qui donne lustre à la diligence de son voisin, homme soucieux, et qui met en évidence les limites de leurs héritages : à la honte et confusion du paresseux, qui par remises et longueurs, ne treuve jamais loisir de mettre la main à l'œuvre :* dont lui avient l'effect de ses menaces,

> Qui le temps par trop attendra :
> A la fin le temps lui faudra :

pour à la longue, escoulées les bonnes saisons, tumber en extrême ruine, et se rendre lui et les siens du tout misérables : quand pour vivre, aura dissipé son héritage (tant chèrement assemblé par ses prédécesseurs) le mangeant une pièce après l'autre.

Tels et semblables discours seront les devis ordinaires du sage et prudent père-de-famille avec ses gens : d'où lui-mesme prendra instruction, pour estre le premier à suivre la vertueuse diligence. De la bouche duquel ne sortira jamais aucune parole blasphématoire, lascive, sotte, ne mesdisante ; afin qu'il soit miroir de toute modestie. Et à l'exemple de *Caton*, se patronant à *Manius Curius*, réformera sa maison, réordonnant les choses destraquées, chassant tous vagabons, bouffons, et autres gens-de-néant, à ce qu'aucun inutile, ne de mauvaise vie, n'y mange le pain. Apprendra aussi à mesurer le temps, l'une des principales sciences de la conduite des affaires du monde, pour de rang et en saison expédier ses ouvrages, dont sera prévenue et évitée la confusion, ruine de tout négoce.

Fera bien nourrir ses domestiques et manœuvres, selon leur estat, qu'il continuera tous-jours d'un train, ou ce sera quand à la maison se fera quelque extraordinaire honneste, ils participent à la bonne chère. Pourvoira que leurs vivres, quoi-que grossiers, soyent bons et francs, et distribués par bon ordre, à ce qu'aucune partie ne s'en dissipe. Souffrira à ses gens de prendre leurs repas, à repos, sans les destourner que le moins qu'il pourra, et seulement pour affaires d'importance. Ne prendra en coustume de les regarder manger, comme semblant vouloir compter leurs morceaux, ains avec quelque liberté les laissera dans la cuisine à telles heures, pour se deslasser de leurs labeurs, se chauffans et gaudissans ensemble. Et afin qu'en telle licence n'y ait de l'excès, le père-de-famille les tiendra en office et sujection, les gardant de crier et folatrer de son anti-cuisine, où il sera souvent mesme à l'heure de ses repas, y faisant son ordinaire : et de là se prendra garde, après honneste refection, de les faire retourner à leur besongne. Disneront devant le jour au temps des plus longues nuicts, quatre mois continuels, depuis la mi-Octobre jusqu'à la mi-Février : afin que dès l'aube du jour, chacun se range à sa besongne, estant la matinée l'avancement de toute œuvre. Et par ce moyen gaignant autant de temps, sera aussi espargnée la peine de revenir disner à la maison, ou de leur porter les vivres dehors ; en quoi a tous-jours de l'intérest. Après leur souper, ceux qui auront charge des bestes, s'en iront les panser, et souventes-fois le père-de-famille en se promenant, descendra aux estables, pour s'en prendre garde : tenant l'œil que le bestail soit traicté ainsi qu'il appartient, tous-jours d'un ordinaire ; pour le profit qui en revient, suivant le proverbe : *que l'œil du maistre engraisse le cheval.* Et tous jusques aux moindres, employeront la veillée des longues nuicts, faisans auprès du feu, des paniers, corbeilles, mandes, vans, et semblables meubles du mesnage, selon le pays et matières qu'on a : desquelles en tels temps et heures se pourvoira pour le reste de l'année ; estant vergongne au mesnager de desbourser argent en l'achapt de tels meubles, et d'employer le temps à en faire hors ladite saison : suivant ceste maxime, *de ne faire jamais de jour, ce qu'on peut faire de nuict : ni en beau temps, ce qu'on peut faire en laid.* A laquelle défense, ont ajousté les anciens, cestui leurs avis : *que celui n'entend rien au mesnage, qui en*

*temps clair et serein travaille plutost en la maison qu'aux
champs* (*).

Donques tenant en besongne ses gens, ès jours pluvieux,
neigeux, et autres importuns, se soignera le père-de-
famille de leur faire faire grande provision de toutes
sortes d'outils et instrumens de labourage, pour s'en
fournir lors à suffisance, voire de la moitié plus qu'il ne
lui en faut. Et soient socs, charrues, hoyaux, besches,
pelles, haches, et autres meubles des champs, qu'il en
aye à rechange ; envoyant au mareschal forger des outils
de fer, et apprestant en la maison ceux de bois : à ce que
le tout appareillé comme il faut (et en temps presques
perdu, pour ne pouvoir travailler à la terre, où y a de
l'espargne) se treuve prest au besoin sans estre contraint,
ne de les refaire, s'en rompant sur la besongne ; ne d'en
emprunter, en ayant faute : par telle réserve s'évitant,
outre la honte et le danger d'estre refusé, la perte du
temps de les aller quérir et rendre. Tels meubles et outils
seront curieusement serrés et gardés en cabinet à ce
destiné, pour là les aller prendre au besoin, et remettre
après le service. Mais ce sera distinctement, selon leurs
espèces, matières et usages ; séparant les grands, d'avec
les petits, ceux de fer d'un costé, et de bois de l'autre :
par tel ordre s'espargne la perte et l'esgarement, causant
grand rompement de teste : la peine de les cercher estimée demi-perte. Aussi en mauvais temps le mesnager
fera curer ses estables et travailler à autres telles œuvres,
qui ne doivent estre faites en bon, gardant à dessein
semblables besongnes pour lors employer ses gens :
mesme après les pluies, à faire couper les buissons des
prairies sèches, les espierrer, charrier matières pour
bastir, en attendant la vraie disposition de la terre, pour
la continuation de son labourage.

Payera bien et gaiement les serviteurs, afin que de
mesme il soit servi d'eux, et soit argent, habits et autres
choses convenues pour leur salaire, tout cela leur sera
baillé au terme arresté ; sans rabat, ne délai. Aussi ne
leur sera rien avancé sans nécessité de maladie ou autre
légitime cause, pour crainte de perte : à raison du sauvage
et pervers naturel des mercenaires (ou de la pluspart) qui
pleins d'inconstance et sans honneur, se sentans payés,

(*) *Pessimum, qui sereno die sub tecto potiùs operaretur, quàm in
agro.*   PLIN. Lib. XVIII, cap. 6.

à la moindre occasion de mescontentement, quitteroient vostre service : auquel maugré eux, souventes-fois ils s'arrestent, de peur de perdre leurs gages. Estant ce une bonne coustume, que de ne les payer qu'après le service et non devant, par là les tenans bridés : autrement peu s'en treuveroient s'enfoncer guières avant en vos affaires. Leur arrivant maladie ou blesseure, charitablement fera secourir ses serviteurs par bon traictement et remèdes, les faisant retirer à part en chambre à ce destinée, car c'est cruauté de les renvoyer alors, ou de ne les assister ; sur-tout s'ils sont pauvres, ausquels sans autre obligation, est deu secours.

Et d'autant que c'est grande peine d'estre tous-jours après les mercenaires à les faire travailler : pour aucunement estre soulagé, le moyen est, de ne se charger par trop de serviteurs loués à l'année ; ains justement pour l'ordinaire culture du domaine, convient pendre plustost du costé d'en avoir faute, que de reste ; d'autant qu'avec de l'argent treuve t'on des gens à la journée, pour avancer les affaires ; et les serviteurs ne se voyans en trop grand nombre, en travailleront mieux, sans s'attendre que bien peu, au labeur d'autrui. Dont aussi s'espargne et la confusion et l'excessive despense, provenant de trop grande multitude. D'ailleurs, estans les charges de vos ordinaires serviteurs presques comme tasches, sçachans ce qu'ils ont à faire pour toute l'année, il faudroit bien qu'ils fussent du tout desloyaux et eshontés, s'ils ne travailloient passablement : sur lesquels, en vous promenant, tiendrés facilement l'œil, par vostre présence et opportunes remonstrances, les sollicitant à leur devoir. Réservant au bout de l'année, à guerdonner et chastier ceux qui auront bien ou mal servi, donnant à ceux-là, quelque chose outre leur salaire ; et bannissant ceux-ci de vostre maison, pour n'y revenir plus.

Quant aux fondations et réparations nouvelles et extraordinaires, extraordinairement aussi convient y besongner, tenant autre ordre qu'à la simple culture de la terre. C'est assavoir, en choisissant les longs jours et beau-temps, pour lors avec bon nombre d'hommes loués à la journée, parfaire vostre ouvrage. Car plus que les fondations et nouvelles réparations (peu exceptées, comme le planter, et quelques autres qui ont leur particulière saison) ne sont restrainctes à certain terme, ne seroit-ce pas très-mauvais mesnage, de préférer les petits aux grands jours, et le mauvais au bon temps, par là volontairement despendre un tiers davantage ? Comme cela résulte de l'inégalité des jours des mois de Novembre et Décembre, à ceux d'Avril et de Mai ; et par la différence de l'automne et de l'hyver, au printemps et à l'esté.

Discernera nostre mesnager la qualité de ses ouvrages, pour les mettre à exécution, chacun selon son ordre. Les nécessaires. les premiers : puis, les utiles : après, les plaisans. Une ruine de feu, ravine d'eau, et autres inconvéniens qui quelques-fois surviennent, contraignent d'en réparer les pertes en quel temps que ce soit. De mesme, avec grande diligence, doit-on mettre la main à la construction, ou redressement d'un moulin, d'un canal de prairie, et semblables pièces de remarque, dont le retardement, compté mesme par heures est préjudiciable, pour l'importance de leurs revenus. Le planter des vignes et arbres en approche de près, à ce que gaignans temps, tant plustost apportent du bien, que l'on les y aura préparés. Touchant les choses de seul plaisir, elles seront dressées les dernières. Ce qu'attendant, ne sera le père-de-famille sans délectation, voyant ses revenus s'accroistre pour sa diligence, employée ès œuvres susdites ; le plaisir suivant tous-jours le profit.

La distinction des saisons est aussi très-requise en ces choses, pour ne les entreprendre qu'en année de moyenne fertilité : afin qu'elles ne soyent de trop grand coust. Car en temps auquel les vivres sont à prix excessif, le bon mesnager, s'abstenant de réparer et d'entreprendre rien de nouveau, vend ses denrées, et en serre les deniers, pour les employer en réparations, la saison revenue meilleure. Ou ce seroit que la nécessité le contraignist, ou que charitablement entreprint quelque onvrage, pour donner à vivre aux pauvres en la famine ou cherté. Au contraire, estans les fruicts de la terre à fort petit prix (comme quelque-fois avient n'estre d'aucune vente), est lors la vraie saison de les faire manger en réparations. Car pourveu que ses réparations soyent raisonnablement inventées, mieux ne pourroit-il débiter son revenu. Aussi ordonnera-il de ses réparations, en telle sorte qu'elles ayent plusieurs visages ; à ce que tant plus gaiement il y face la despense requise, que plus d'utilité il espère de leur fin. A cela regarde un fossé, qui en fermant le champ l'espuise des eaux nuisibles : les fossés sousterrains, dits, pied-de-geline, faits pour dessécher les terres maresca-

geuses, où des pierres sont enterrées, servent à se dépes-
trer et des eaux et des pierres tout ensemble : planter la
saussaie près de la rivière, sert et à donner du bois, et de
défense contre l'eau pour la terre voisine : bastir la muraille du clos, et à fermer les jardinages et vignoble, et
de forteresse, à la maison : édifier le colombier, et à avoir
des pigeons, et à se pourvoir de bons fumiers : dresser la
mureraie, et à recouvrer de la soie, et à s'accommoder
de bois pour le chauffage, et à faire des cercles pour les
tonneaux : dresser la garenne, et à se munitionner de
connins, et du fagotage pour le feu. Ainsi des autres.

Moyennant lesquelles observations, et pressant vos ouvriers par vostre présence, treuverés en vos ouvrages le
contentement qu'en telles choses chacun se promet.
Pourveu aussi, que prudemment elles soyent entreprinses, comme a esté dit, sans vous enfoncer par trop avant
en inventions vaines, ou de peu de profit, si tant est que
ne veuillés vous arrester aux nécessaires. Ce que toutes-
fois ne devés espérer par votre absence, mesme si n'avés
homme, sur lequel en ce cas, vous vous puissiés reposer :
encore moins, que serviteurs loués à l'année vous satis-
fissent en cest endroit, pour la presque générale desloyauté des mercenaires, servans à l'œil ; spécialement de
ceux-ci ; tant à cause de l'ennuyeuse peine que la longueur de l'œuvre vous donneroit, les tenans de près, par
ne pouvoir avec eux seuls estre tost expédié, pour leur
petit nombre (et d'en louer à suffisance pour la haster,
ne se peut et ne doit, par les raisons dictes), que pour ne
travailler, les domestiques, jamais tant vigoureusement
en nouvelles réparations, que les journaliers. D'autant
que soulés de vostre bon traictement, sans se vouloir en-
quérir d'où vient le bien, vivent sans pensement, comme
enfans-sans-souci, et cuident vous servir à trop bon marché, quand ils comptent leurs journées ne venir aux prix
de celles des journaliers : dont se rendent négligens en
vos affaires. Sans vouloir considérer leur condition estre
beaucoup meilleure que celle des pauvres manœuvres,
qui ne touchent argent que pour les journées qu'ils tra-
vaillent en beau temps ; lequel par-après ils ont bon loisir
de despendre en chomant, pour l'injure des saisons : au
lieu qu'eux espargnent et embourcent à la fois, leurs
gages de toute l'année, sans perte d'un jour, gaignans
autant les pluvieux que les secs.

Par ainsi y a plus d'utilité de se servir en réparations

extraordinaires, d'hommes loués à la journée, qu'à l'année : lesquels journaliers venans de frès en vostre service, et d'estre mal nourris en leurs pauvres maisons, font merveilles de travailler au commencement : ce que plus apparemment se recognoist le lundi, qu'en autre jour de la semaine, par sortir nouvellement de leur ordinaire. Mais aussi telle première ardeur s'esvente tost après, quand sentans avoir gaigné une pièce d'argent à vostre service, remplis de bonne chère, s'allentissent petit-à-petit ; dont finablement par lascheté, deviennent insupportables : et poussés de l'humeur perverse des domestiques, se faschent mesme de la longueur de l'œuvre ; bienque tant plus ils gaignent, que la fin s'en délaye : ne se soucians, ne de leur devoir, ne de vous donner contentement.

Ne pensés pas aussi, qu'ils vous portent tant d'amitié et de respect, qu'il suffise de vous préférer à un autre en leu s services, bien-qu'ils en ayent occasion (si quelque particulière obligation ne les y contraint) qu'au contraire, extrêmement avares, ne vous serviront, s'ils treuvent à gaigner un denier plus ailleurs, que chés vous. Aussi est-ce chose expérimentée, que si bien ne chevirés de ces gens-ci, en bon, qu'en mauvais temps ; si que plus facilement viendront chés vous, le jour s'addonnant à la pluie, qu'estant la matinée claire et seraine. Pour lesquelles fins, et autres legères ou vicieuses, ne retourneront à vostre service (selon l'expérience) le lundi, s'ils ont esté entièrement payés le samedi précédent, peu exceptés : ce qui a fait inventer ce traict de mesnage, que de les tenir gagés de quelque peu d'argent, dont expressément leur resterés débiteur ; pour lequel plus aisément recouvrer, reviendront comme désirerés. Et par là conclués avec le proverbe, que

Celui qui paye le premier,
Se treuve servi le dernier.

Je ne doute pourtant, qu'ils ne se treuvent quelques-uns de ces pauvres gens de bonne conscience, qui pour vostre intégrité, ne se laissent manier comme voudriés : mais le nombre en est si petit que par leur seul service ne pourriés beaucoup avancer. A ceux-là, néantmoins, donnerés-vous plus à gaigner qu'aux autres, selon vos affaires. Mais estant question d'une grande et importante besongne, et eux et plusieurs autres, mieux choisis, seront employés, pour (comme a esté dict) en beau temps

et avec grande diligence tascher de parfaire vos entreprinses ; congédiant sur l'œuvre mesme, ceux qui par
mauvaise élection, se treuveront, ou lasches ou trop
ignorans, sans souffrir qu'aucun mange inutilement vostre pain. Auquel chastiment, les autres profiteront. Finalement contenterés gaiement tous vos mercenaires et
manœuvres, en beau payement que leur ferés, sans leur
rien retenir. Aussi est-il escrit, *tu ne frauderas point le
loyer du pauvre mercenaire, afin qu'il ne crie contre toi
au Seigneur, et qu'il y ait péché en toi.* A cest oracle
s'accorde le dire du payen,

> Tu payeras promptement le salaire
> Qu'auras promis au pauvre mercenaire.

Et ainsi les renvoyerés-vous en leurs pauvres familles,
jusques à une autre fois, que les rappelans, les treuverés
soupples et disposés à revenir, pour avoir gousté la
douceur de vostre table et de vostre bource.

Ayant aucunement discouru des imperfections des gens
de service, domestiques et manœuvres, est requis de
parler aussi des défauts des maistres envers eux : à ce
que soyons instruicts du moyen équitable qu'avons à
tenir en ce tant important article, pour estre bien servis
en nostre mesnage.

La puissance absolue de vie et de mort, que le temps
passé les maistres avoient sur leurs serfs, causoit tant
d'insolence, que les maistres, comme tyrans insupportables, exerçoient sur eux toutes espèces de cruauté. Et
non-seulement par haine, desdain ou autre malicieuse
humeur, ces pauvres gens estoient battus et massacrés,
mais aussi souventes-fois pour passe-temps, on les expo-
soit aux lions, ours, et autres bestes furieuses, voir
estoient contraints à s'entre-tuer eux-mesmes. Et seulement les plus humains se contentoient du travail de ces
misérables, qui toutes-fois estoient gouvernés comme
pauvres bestes. Tout le jour attachés au joug, enchaînés
après le labeur, et contraints à travailler à force de coups :
la nuict resserrés dans les prisons et cachots. Maigrement
nourris, vendus, acheptés, eschangés par les foires et
marchés, voire pour traffiq en estoient faicts comme des
haras, pour en avoir de la race, ainsi qu'on faict des
poulains. De laquelle barbare inhumanité, est sorti ce
proverbe antique, *autant de serfs, autant d'ennemis.*
Tous les vieux autheurs de rustication enseignent le

gouvernement des serfs, pour en tirer profit, selon l'usage de leur temps, avec autant de douceur, que le naturel de la chose le requéroit, en quoi toutes-fois, est recogneue une trop sévère rigueur. Mais par sur tous hommes raisonnables, paroist la trop grande rudesse et cruelle avarice de *Caton*, quand ses serfs et esclaves, par vieillesse, devenus presques inutiles, estoient chassés de sa maison, en les vendant, quoiqu'à petit prix, pour crainte de perdre quelque peu d'argent, comme l'on faict des vieux mulets et chevaux, sans vouloir souffrir d'achever leur misérable vieillesse, où ils avoient employé leur jeunesse, en travaillant pour son service.

Par cest inique traictement, les esclaves portans impatiemment le joug de servitude, sans recognoistre que Dieu les y avoit assujétis, estoient en continuelle solicitude, pour treuver les moyens de leur délivrance : qui s'offroient quelques-fois, selon leur desir, à la honte et ruine de leurs maistres, recevans avec violences par divers accidents, punition de leurs cruautés. Ainsi se roidissans les uns et les autres, à la rigueur ; tout respect d'honnesteté mis en arrière, n'estoit question que de la force et contrainte.

Et encores que telle rigoureuse loi n'ait plus de lieu en ces terres de franchise, ne s'y voyant ni serf ni esclave ; il reste toutes-fois à plusieurs, une trop sévère façon de commander, approchant de la brutalité. Car outre un continuel desdain qu'ils ont de ne treuver aucun service agréable, ne monstrent jamais leur bon visage à leurs serviteurs. Et selon qu'ils sont poussés d'avarice, sans avoir esgard à leurs promesses, ne payent leurs mercenaires, que le plus tard qu'ils peuvent, jamais ainsi qu'ils doivent, et quelques-fois taschent de les contenter de bastonnades au lieu d'argent ; ou par autre mauvaise invention, à leur faire perdre leur salaire, sans avoir esgard à ces sacrées défenses, *ne sois point en ta maison comme un lion, molestant tes serviteurs en tes fantaisies, et oppressant tes sujets.* En quoi tels maistres se trompent, contrarians directement au devoir dé charité, d'honnesteté, de société. Car puis qu'envers Dieu n'y a acception de personnes, estans tous enfans d'un mesme père, ce n'est pas les traicter en frères, qu'user de ces violences. Et s'il estoit non seulement défendu à l'ancien peuple de Dieu, de se servir de ses esclaves avec trop de sévérité, ains commandé d'affranchir celui qui auroit bien servi : à plus forte raison à présent, que les serviteurs sont de franche et libre condition, et par ainsi volontaires, quoi-que mercenaires, toute excessive et rigoureuse sévérité devroit estre bannie de l'entendement du mesnager, comme chose contrariant au bon service ; parce que la vraie obéissance ne procède que d'amitié.

Or d'autant que le mercenaire promet vous servir, moyennant salaire convenu, icelui défaillant, défaudra, avec raison, le service. Et ne se trompe en cest endroit qui ne voudra : car outre, que c'est grande folie de cuider s'enrichir par tels deshonestes moyens, et avec gens de telle estoffe, ce n'est le faict d'un sage homme, de vouloir faire ses affaires, sans récompense. Dont justement sont moqués ceux qui volontairement ne font la raison à chacun, mesme à ceux desquels on aura opportunément tiré la sueur et la peine. N'estant esmerveillable d'en voir aller les affaires de travers, par fréquents larcins de temps, de denrées, et autres choses que les serviteurs mal-payés font à la ruine de la maison.

Aussi ne la longueur du temps, ne le changement de servitude en liberté, n'ont peu de tout esteindre l'antique rébellion et désobéissance des gens de service, qu'aujourd'hui n'en reste beaucoup à nos mercenaires, sans vouloir recognoistre la grâce que Dieu leur faict, d'estre naiz libres, et que la pauvreté ne leur oste pas la franchise, laquelle ils ont commune avec les plus riches. Aucun n'entre en nostre service, qu'avec humilité et bonnes paroles d'obéissance, et de diligence : mais peu par-après se treuvent tenir compte de leurs promesses, ne se ressouvenans tant de leurs conventions, que de faire bonne chère, et du terme de toucher argent. Lesquels finalement par paresse, se rendroient destructeurs et déserteurs de la maison, sans bonne solicitation à leur devoir, qu'on est contraint d'user envers eux, avec beaucoup de souci et peine. En quoi les armes civiles (où plusieurs de tel calibre ont esté employés) les ont rendus tant plus insolents et arrogans, que par la longueur des guerres, ont eu plus de loisir de s'habituer en tous vices et désordres, et à moins se soucier de leur honneur : au préjudice du publiq, mesme de l'agriculture, au sacrosainct exercice de laquelle, autres gens que purs et mundes, ne devroient estre employés, à l'imitation de nos premiers pères. Et lors la terre se délecteroit à nous produire abondamment ses biens, quand elle se verroit

maniée par personnes innocentes et diligentes. Mais puis
que la nécessité nous contraint de nous servir de toute
sorte de gens, nous en choisirons des moins vicieux pour
nos affaires : et buvans ce calice, dirons avec le commun,

> Qu'avec putains et larrons
> Convient faire nos moissons.

Le doux traictement, le bien-payer, le non-courroucer,
le bon visage aux serviteurs, sont choses humaines et fort
aisées à l'homme débonnaire ; mais indifféremment employées, beaucoup préjudiciables à son service, pour le
mauvais naturel de ses gens. Dont le père-de-famille est
contraint mesler en ses commandemens, beaucoup de
rigueur avec la douceur, feignant souventes-fois, pour
le bien de ses affaires, d'estre en cholère contre ses serviteurs, estant ce un bon moyen pour les tenir en office,
poarveu qu'ils n'ayent occasion de se plaindre touchant
le payement. Comme la trop grande bonté d'un personnage
est estimée, fadèse ; ainsi sont moqués des mercenaires,
les commandemens, qui pour trop de douceur, ressemblent aux prières. Se recognoissant par expérience, ceux
chevir mieux de leurs serviteurs et manœuvres, qui
moins supportent leur fautes : et que la lie du peuple
obéit mieux par force, que par douceur : ce qui a faict
dire à plusieurs,

> Oignés vilain, il vous poindra :
> Poignés vilain, il vous oindra.

Tant est la nature de l'ignorance contraire à la vertu.
D'où avient communément que les paysans sont mieux
servis en leurs labourages, que les honorables mesnagers
aimans les mercenaires tous-jours mieux les paysans,
leurs semblables, que tout autre, quoi-que mal nourris
et entretenus chés eux, puis-que c'est de l'ordinaire de
leurs maistres et à leur table, qu'ils vivent.

Il eschoit en ceste partie de mesnage, grande dextérité,
voire estime-je le plus fascheux de la rustication, que de
se faire bien servir : sans laquelle difficulté, la culture
des champs seroit la plus plaisante chose du monde, et
par manière de parler, telle vie approcheroit de celle
des anges, si on pouvoit recouvrer des gens à cela propres
et affectionnés comme il appartient.

Voilà pourquoi est tant recommandé le bon et fidèle
serviteur. Et de faict celui qui en a de tels, les doit aimer,

pour les commodités qu'il tire de leur loyal service. Mais aussi, qu'il ne se prenne bien garde du dire de *Salomon*, *qui mignarde son serviteur dès sa jeunesse, à la par-fin il sera comme fils* ; où il ajouste, que c'est chose non-seulement dangereuse, ains monstrueuse, que la présomption du serviteur et de la chambrière ; disant, en propres mots, *que la terre se trouble, quand le serviteur règne : et quand la servente hérite à la maistresse.* Ces admonitions nous serviront, à ce que ne gastions nos serviteurs par trop de douceur, et pour ne les flatter que bien à-propos : car puis que telles gens ne sont guières capables de raison, il leur semble que les familiarisant et leur monstrant continuellement bon visage, ils méritent encores plus, si qu'à la longue se rendans insolents, abusent de vostre bonté jusques-là, que par mespris, cuident que ne vous pouvés passer d'eux.

Des bons serviteurs vous vous servirés, autant que telle bonne humeur leur durera, et non davantage : leur donnant congé, lors qu'ils se seront destraqués de leur devoir par orgueil, ou que par remonstrance ne les aurés peu remettre à la raison : supportant toutes-fois charitablement, les petites imperfections qui accompagnent communément toutes sortes d'hommes. S'ils demeurent longuement en vostre service, en bien faisant, leur ferés sentir vostre libéralité par vos faveurs, en fermes, en mariages, en prest d'argent, de denrées, et autres négoces, en dons d'habits et autrement. Ainsi, en vous acquittant de vostre devoir, par-dessus l'honneur que ce vous sera d'estre estimé équitable, donnerés exemple à d'autres de s'affectionner à vostre service. Joinct, que tels ainsi guerdonnés pour leur bon service, confessans vous devoir leur avancement, par obligation, vous demeureront serviteurs toute leur vie.

Parce que dessus, ce poinct se treuve vuidé, combien de temps vous vous devés servir de mesmes valets ; c'est assavoir, autant longuement qu'ils se maintiendront en leur devoir. De laboureurs, pour le profit de vos terres-à-grain, changerés le plus rarement que pourrés : car, comme aux enfans, la mutation de nourrisses est tousjours préjudiciable, aussi aux labourages, les diverses mains préjudicient. N'estant à estimer que le vieil laboureur, qui par habitude s'est rendu sçavant en la portée de vos terres, pour les cultiver et semer, ainsi qu'il appar-

tient. Au contraire, du jeune est dit au patois du Languedoc,

> Que bouvié sans barbe
> Fay aire sans garbe.

Des autres valets ne serés tant scrupuleux ; ains ce sera
tous les ans, ou de deux en deux, comme vos affaires le
porteront, qu'en prendrés de nouveaux ; desquels pour
si peu de temps, ne pourrés estre qu'assés bien servi :
parce qu'ils ont accoustumé, pour se faire valoir, ruer
au commencement leurs plus grands coups de vaillance.

L'aage de vos serviteurs domestiques sera choisi en
leur fleur, pour la dextérité et pour la force, qui sera de
vingt à quarante-cinq ans. Les grands hommes sont bons
pour le labourage, y contraignans le bestail, et avec la
force et avec la voix : à porter fardeaux aussi. Les petits
au vignoble, pour planter et enter arbres, gouverner les
jardins, les mouches-à-miel, à garder le bestail, et à faire
plusieurs autres gentillesses, où n'est requis grand travail. Et les moyens, comme participans des autres deux,
sont presques tous-jours propres à tous ouvrages. Par
quoi préférés cette taille-ci, à toute autre, choisissant
d'icelle, pour vos laboureurs, les plus grands et plus
forts hommes : et les autres pour les besongnes où plus
propres se treuveront, selon leurs inclinations particulières.

Quant aux chambrières et servantes, domestiques et
autres, autre adresse n'y-a-il à les choisir, que les susdites, leur sexe faisant la distinction des ouvrages où elles
doivent estre employées.

Du salaire des serviteurs, ne se peut dire autre chose,
que de tascher à le rendre le plus petit qu'on pourra,
pour la conséquence du haussement tous-jours préjudiciable au mesnager. En ceci aussi ne changerés l'usage,
payant vos gens selon la coustume du pays, en argent,
habits, et autrement. Non plus le terme de leur service,
soit ou pour sa longueur ou pour la saison de l'entrée en
charge, choses diverses selon les lieux. En la plus-part,
c'est pour l'année entière qu'on loue les serviteurs, y
ayant peu de mesnagers champestres qui se contentent
du quart, du tiers, de la moitié ou autre portion, estant
ce à faire à citoyens de ville, que de louer à mois les
serviteurs des champs, pour leurs vignes et jardins. En
aucunes provinces, les serviteurs commencent leur année
peu devant les moissons ; en d'autres après la récolte :

ailleurs, au temps des semences : et presques généralement par tout, par l'un de ces jours remarquables, de la Sainct-Jan, Sainct-Michel, Sainct-Martin, la Toussaincts, Noël, Pasques et autres termes de l'année, où convient s'arrester pour la police (suivant laquelle, y a par les provinces des foires et marchés destinés au louage des gens de service) autrement, confusion aviendroit au mesnage : d'autant que laissant passer le poinct de vous pourvoir de serviteurs, en vain l'attendriés-vous par après, le reste de l'année n'en treuvant que par rencontre. Ne ferés esgalle prix de vos serviteurs, ains les diversifierés par leurs suffisances, la raison le voulant ainsi : ce qui donnera occasion aux ignorans d'apprendre, en intention d'avancer en gain, à mesure du sçavoir.

Généralement noterés pour toutes sortes de serviteurs, hommes et femmes, de ne vous charger nullement de personnes estrangères, passagères, belistres, caïmans, sans aveu ne cognoissance ; pour les dangers qui s'en ensuivent : mais les prendrés les plus près de vous que pourrés. Surtout, donnés-vous garde de ne mettre jamais chés vous aucun diffamé de notable vice, comme de blasphèmes, paillardises, meurtres, larcins, brigandages, yvrongneries, ne sujets à maladies contagieuses : car de plus dangereuse peste ne pourriés estre frappé : en estans les histoires anciennes accompagnées de plusieurs nouveaux et tragiques exemples, ce que tout homme de bon entendement préviendra par sa providence.

Pour achever de devider le fuseau, est à propos faire mention de ce que *Caton* vouloit, qu'à faute de besongne, ses serviteurs dormissent : et qu'il y eust tousjours de la division entr'eux, la y semant par artifice, ayant pour suspects, l'esveil et la concorde de ses domestiques. *Caton* avoit à faire de son temps à esclaves, forsats, gens désespérés par mauvais traictement, si qu'il n'estoit sans raison de se craindre d'eux. Mais aujourd'hui que sommes servis de personnes de libre condition, et chrestiennes, l'avis de *Caton* ne peut avoir lieu, joinct que le service de gens vigilans, est tous-jours meilleur que de personnes endormies, n'estans que pièces de chair, sans entendement, ceux qui aiment trop la somme et le repos : contre lesquels *Salomon* crie tant, disant tels ne pouvoir enrichir. Et quant à l'autre poinct, quelle chose plus laide y a-il au monde que la dissension et haine, sur tout entre ceux qui mangent d'un mesme pain, et habitent en mesme

maison, comme enfans d'un mesme père ? Ains quelle
plus belle, que l'amitié et la concorde, que *Jésus-Christ*
nostre sauveur nous recommande tant estroictement ? Et
si bien par faute de bonne intelligence entre serviteurs
d'un mesme maistre, sont descouverts quelques pillages
et autres meschancetés, avec utilité, ne faut pourtant tirer
cela en conséquence : car ce mal ne manque jamais, que
d'estre mal servi de personnes assemblées chés vous,
n'estans amis ensemble, employans quelques-fois plus de
temps, à s'entre-quereller, qu'à travailler à leur besongne. Mais tirerés tous-jours bon service de vos domestiques, s'ils vivent en commune amitié ; et n'ont autre occasion de s'entre-quereller, que par émulation de battre
de l'honneur de bien faire en vostre service : chose
souhaitable, quoique rare. Et comme *il ne faut jamais
faire mal, afin que bien en avienne :* quelque apparence
de raison qu'ait *Caton*, ne laissera le père-de-famille,
d'entretenir tous les siens en union fraternelle, à ce que
d'une commune main s'employent à ses affaires. Estant
ce acte de chrestien, de procurer la paix envers tous, de
laquelle lui-mesme plus facilement jouira, quand elle
habitera chés soi, et le relevera de la peine d'appointer
les querelles et différens des siens. Les fautes de ses serviteurs seront réprimées par sa prudence, avec des moyens
justes et équitables, sans se péner beaucoup d'en inventer des obliques et réprouvés. Marquant pour très-importantes meschancetés, contraires au bien et repos de la
maison, les paillardises et larcins, à ce que leur sévère
chastiment par justice, trenche le cours de tels crimes :
car les dissimulant, ou réprimant doucement, ce seroit
tous-jours à recommencer, dont pauvreté et confusion
aviendroit à la famille.

CHAPITRE VII.

*Des Saisons de l'Année, et termes de la Lune, pour les
affaires du Mesnage.*

Pour ne défaillir à nostre père-de-famille aucune partie
requise à tout bon œconome, se délectera de sçavoir,
tant que faire se pourra, les propriétés particulières des

temps, saisons de l'année, et influences des astres, pour les observer : et que par là, prevenant les changemens des temps, dispose ses affaires de telle sorte, que rien ne soit exercé en son mesnage, qu'avec art et raison, et qu'aucune chose ne soit commencée, que les vents et pluies surprenans, puissent destourner ou gaster. Mais d'autant qu'en ce poinct, presque tous hommes se sont trompés, donnans confusément, tout, à la vertu du soleil, de la lune, des autres planètes et estoilles, et ayant indifféremment assujetti tous ouvrages humains, la plus-part sans apparence de raison : est besoin monstrer jusques où il se doit estendre en telles matières, et de mesme manifester l'abus qui là dessus se commet, pour ice-lui retranché, venir au légitime usage des temps. Ostant par ce moyen la confusion invétérée que telles scrupuleuses et fantasques observances causent au cours du mesnage, y apportans quelques-fois grande perte : en tant qu'on laisse bien souvent escouler les bonnes saisons, pour attendre les termes et poincts superstitieusement remarqués.

En telle vanité estoient tant attachés les anciens Grecs et Romains, qu'ils n'entreprenoient et ne faisoient chose, ni en privé ni en publiq, que sous les signes à ce dédiés, et ne leur avenoit jamais rien, pour peu que ce fut, dont ils ne tirassent des augures et conclusions, bonnes ou mauvaises, selon que la superstition leur en suggéroit la matière. Leurs armées avançoient et reculoient par l'avis de leurs aruspices, fondé sur le vol des oiseaux, sur le bequeter des poulets, sur le criement des grues, sur le croaxement des grenouilles, et autres choses frivoles. En leur police civile aussi et gouvernement des champs, n'estoit rien faict sans leur conseil. De telle sorte que pour ces incertitudes, ils n'estoient jamais asseurés en leurs desseins. Erreur qui de longue-main s'est glissée en l'entendement de plusieurs d'aujourd'hui, selon que par divers exemples on le remarque, et parmi les nations, et parmi les villes, jusques aux maisons privées. Et non seulement les livres des pauvres payens se voyent remplis de telles foibles doctrines, dont ils les ont composés comme une salade de plusieurs herbes, de tout ce qui à l'aventure leur est venu en l'entendement : mais aussi des chrestiens, lesquels en ont escrits, si non avec scandale, a tout le moins avec risée et moquerie. N'ayant action au monde, laquelle, selon eux, n'ait sa particulière sujection. Mesme ont-ils remarqué des jours heureux et mal heureux, ausquels, religieusement, s'attachent ceux qui de leur gré se veulent tromper : non seulement pour semer, planter, et autrement ouvrer en la terre, où y a quelque apparence de raison : ains à tout faire, jusques à se marier. Si que n'estans jamais telles gens sans agitation et crainte, ne peuvent par conséquent, négotier qu'incertainement et à l'aventure.

Hésiode, Virgile, Columelle, Pline, Constantin César et autres antiques ont curieusement et scrupuleusement observé ces choses-là : lesquelles recerchans de près, chacun treuvera par tout quelque reste de superstition payenne couverte du manteau chrestien, observée de père-à-fils jusques aujourd'hui. Et tant ces vanités ont gaigné terre, que par leur adresse (comme interrogeans l'oracle d'Apollo) l'on s'enquiert de l'estat futur : non seulement de la cueillete, si elle sera bonne ou mauvaise, hastive ou tardive, et semblables matières de mesnage, propre gibier du père-de-famille ; ains de toutes affaires de sublime importance, surpassans l'entendement humain : de la vie et de la mort des rois et des princes, de l'estat, des séditions populaires, de la discorde des écclésiastiques, des mariages des grands, de la paix, de la guerre et semblables. Et ce par des grains de blés et des fueilles de bouis, jettés par un enfant sur le foyer chaud et baloié, le premier jour de l'an, ou la veille des Rois : s'asseurans recevoir tant meilleure response, que plus de tours et retours les dits grains et fueilles feront en pétillant, à cause de la chaleur. Des jours de la sepmaine, esquels eschet, à leur tour, la feste de Noël, tire-on diverses conclusions pour toute l'année, donnant au dimanche, lundi, mardi, et suivans, à chacun sa particulière propriété. Comme de mesme présage-on de ce qui aviendra en chacun mois, par les douze jours après Noël, appellés féries ; et selon le temps qu'il fera les jours de sainct-Pol, sainct-Vincent, la Chandeleur, se fonde-on pour le reste de l'année. Aussi vainement on prévoid la fertilité de la prochaine saison par une mousche engendrée dans la noix de gale, que le chesne produit ; et la stérilité par une araigne. Que c'est mal heur de rencontrer en marchand une bellete traversant le chemin : et une pie vous tournant le dos en sautellant : de se treuver assis à table parmi le nombre de treze précisément, duquel quelqu'un meurt dans l'année : de respandre du sel à table : de prendre par mesgarde ses habits à la renverse, le matin en sortant du lict : de chausser la jambe gauche la première, et les souliers d'un pied en autre. Ceste dernière superstition est directement de la forge de l'Empereur *Auguste,* lequel (selon *Pline,* dont il se moque) a laissé par escrit, que le jour qu'il fut presques opprimé par sédition de ses soldats, on lui avoit chaussé un matin, le soulier gauche au lieu du droict : et en particulier,

Hésiode et *Virgile* ont recerché le bon heur et le mal heur que chacun jour du mois cause aux ouvrages humains, sans apparence de raison ; par vouloir asseurer l'événement des choses tant incertaines que celles de ce monde. Ils tiennent le premier et le dernier jours du mois estre bons pour tout faire : mesme pour banqueter et faire justice. Le quatriesme et le septiesme estre de Dieu, le septiesme, toutes-fois plus sainct, pour la naissance de Latone, et son fils Appollo. Le huictiesme et le neufiesme estre bons pour travailler : ayant en outre cela de propre le neufiesme, que de favoriser les fuyars, et contrarier aux larrons, bons aussi à engendrer fils ou fille. Les onziesme et douziesme estre bons pour tondre les brebis et maisonner : particulièrement cestui-ci, à chastrer le mulet, tirer la laine et la filer. Le treziesme pour curer et arrouser les arbres, non pour les semer ou planter, comme aussi le seziesme leur est contraire : mais bon pour engendrer un fils, non une fille, ni aussi pour se marier, chose que le quatriesme a de propre particulièrement, auquel jour faict bon espouser femme et la mener chés soi. Pour engendrer un fils : pour rire : pour ouir des secrets : pour chastrer des boucs, et moutons : pour accoustrer des estables : pour coupper bois à ouvrages : et pour batre le blé en l'aire, est bon le dix-septiesme jour du mois. Et le suivant pour chastrer le bœuf et aussi le bouc. Les dixiesme et seziesme sont bons pour engendrer des masles. Singulièrement pour engendrer un sçavant homme et prudent, est bon le vingt-uniesme, qui est dit le grand jour et heureux, lequel néantmoins n'est si bon le soir que le matin. Le vingt-sixiesme faut fuir, comme mal heureux : et aussi les quintes des mois, pour les fascheries qu'elles causent ; à raison qu'en icelles, les furies créerent l'enfer pour se vanger des hommes, punissans les parjures. Le matin du dix-neufiesme est bon, et le soir mauvais. Pour perser tonneaux de vin et dompter chevaux, asnes et bœufs, sont bons les quatorziesme et vingt-neufiesme. Ordonnent que la femme observera quand l'araigne travaille diligemment, pour lors envoyer son filet au tisseran, afin de le mettre en œuvre, comme en estant la droicte saison.

De ces deux antiques personnages, et autres, par trait de temps, ont esté tirées des prognotisques : et à leur imitation, comme ils se sont servis des jours des mois, a-on employé ceux de la lune, où changeant quelques poincts, s'est-on efforcé, mais en vain, de donner autre lustre, que payen : en y ajoustant les naissances d'aucuns grands hommes du passé, et autres notables et anciens événemens. Par ce moyen, voulans célébrer leurs présages, avec des conclusions autant foibles, comme à l'aventure et sans tesmoignage, asseurent les choses qu'ils escrivent. Car quelle raison y a-il de conclure sur la naissance de Jacob, qu'ils disent avoir esté le seziesme jour de la lune, qu'il fait bon lors achepter et dompter des chevaux et des bœufs : que le malade sera en danger de mort, s'il ne change d'aer : et que l'enfant nay audit jour vivra longuement ? D'asseurer que si quelqu'un tumbe malade le premier jour de la lune, en relevera à la longue ; d'autant que c'est le jour de la création d'Adam, comme ils disent (bien qu'au Genese se treuve estre le troisième) et pour la mesme cause, que l'enfant qui naistra en icelui, sera de longue vie : et que les songes qu'on fera lors se tourneront en joie ? Que le second, parce qu'ils le donnent à la création d'Eve, soit bon pour croistre lignée : pour requérir princes et grands seigneurs : pour entreprendre voyages par mer et par terre : pour bastir : pour faire jardins : pour labourer et semer lès terres ? Ainsi ont-ils parlé jusques à un de tous les autres jours de la lune : donnans à chacun quelque remarquable propriété, que j'omets à escient, pour n'entrer en plus long discours.

Plusieurs autres ont escrit des affaires des champs avec risée, tant impertinens sont leurs préceptes : entre lesquels *Constantin César* est digne d'admiration, ce que nostre mesnager entendra, tant pour contenter sa curiosité, que pour ne s'amuser à telles folies.

Pour faire profiter les semences au champ, ordonnent avant que les y jetter, d'estre trempées en jus de jombarbe, ou dans du vin, ou dans la lie d'huile d'olive, ou dans d'eau nitrée, ou dans du jus de concombre sauvage. Pour le mesme, font passer la semence par un crible faict de la peau d'un loup, auquel n'y ait que trente trous, chacun capable pour y passer le doigt. De peur que le soleil brusle la semence, est défendu au semeur de la faire toucher aux cornes des bœufs, la jettant à terre. Que la semence repose quelque temps dans le vaisseau où aurés accoustumé de la mesurer, couvert d'une peau d'hyène ; afin que par l'odeur d'icelle aucune beste ne s'attache à la semence, pour la degaster en terre. Pour empescher les oiseaux de toucher aux semences estans faictes, sèment à l'entour du champ, du veraire, avec un peu de froment parmi, pour tuer les oiseaux qui en mangent : et afin que ce remède serve généralement, font pendre par les pieds quelques-uns de ces oiseaux morts, à des canes fichées droictement par le champ, dont pour exemple, les vifs s'en-fuiront. Contre le desgast des oiseaux, tiennent estre bon, d'arrouser les semences ja faictes, avec de l'eau où auront trempé des escrevisses, ou corne de cerf, ou d'ivoire, meslant parmi des fueilles de ciprès, sèches et mises en poudre. Croient qu'il profite aux semences, si à la charrue, avec laquelle elles sont couvertes, en divers lieux, est escrit ce mot, *Raphaël :* si avant estre mises en terre, on les faict toucher avec l'espaule d'une taupe : si de nuict on enterre au milieu du champ nouvellement semé, un crapaut enclos dans un vase de terre, l'ayant auparavant porté à l'entour de la terre et faict faire la ronde : pourveu aussi qu'avant moissonner le blé qui en préviendra, de peur de l'amertume, le crapaut soit enlevé du lieu où on l'aura mis, qu'à telle cause marquera-on curieusement. Que les rats ne rongeront les semences dans terre, ne les blés dehors estans en herbe, si on mesle parmi la semence, en l'espardant, des cendres de bellette et de fouine : estant toutes-fois à craindre, ce remède donner aux blés la senteur de tels animaux. Que la nielle ne fera aucun dommage aux blés, si parmi le champ semé, sont plantées plusieurs branches de laurier, sur lesquelles seules, la nielle cheant, s'arrestera. Que le blé se conservera bien dans le grenier, si à la porte d'icelui on pend par un pied de derrière, une raine verte. Que la vigne se rendra fertile, si la serpe, de laquelle on la taille, est frotée avec de la graisse d'ours, ou avec des aulx : et que le vigneron soit couronné de lierre. Que le vin se gastera, si au tonneau ces paroles sont escrites, *Gustate et videte, quod bonus est Dominus.* Ou si à mesure qu'on descharge la vendange dans la cuve, et de là le vin tiré, le mettant dans le tonneau, l'on dit tousjours, *Sainct-Martin bon vin :* à la charge de planter un cousteau tout de fer, entre le bois et le premier cercle de la cuve, pour y demeurer tant que le vin séjournera dans icelle, et avec le vin remuer de mesme le cousteau sur les tonneaux l'un après l'autre, à mesure qu'on y entonnelle le vin, et que le cousteau demeure planté au dernier tonneau rempli, jusques à la feste Sainct-Martin d'hyver, sans le sortir de la cave devant ce jour-là. Que le vin se tournera, l'année qu'en temps de vendanges on treuvera un serpent entortillé en la vigne. Que les herbes des jardins se mourront, par l'aproche de la femme ayant ses fleurs : et par cela mesme les chenilles seront tuées. Comme aussi mourront les chenilles, par la veue des ossements de la teste d'une jument, mise à tel effect dans le jardin en lieu éminent.

Par cest eschantillon l'on jugera de toute la pièce : et combien peu d'asseurance y a au mesnage de ceux qui s'amusent à ces ridicules incertitudes : afin que nostre père-de-famille quittant toutes ces vanités, quoi-qu'antiques, s'arrestent à ce que par expérimentée raison et longue pratique, verra estre bon à ses affaires et ouvrages : de quoi aussi prudemment se pourra dispenser selon les occurrences.

Il est certain, que très-grandes vertus et propriétés ont les astres du ciel, le soleil, la lune, et autres planètes (1), n'y ayant mesme aucune estoile qui n'ait commission expresse de Dieu, de régir quelque chose de ceste terre basse ; et lequel à toutes ensemble a donné la conduite de ses créatures, ayans vie sensitive et végétative. Mesme les vents, pluies, tonnerres, sécheresses, neiges, gresles, fouldres, tempestes et orages, n'aviennent que par leurs influences selon l'ordre que Dieu a establi en nature. Ce que notoirement se recognoist au flux et re-flux de la mer, s'engrossissant à mesure de la lune. Aux mouëlles des bœufs, moutons et autres bestes, et aussi à la chair des poissons-à-escaille, qui croissent et décroissent quant-et la lune. Aux fourmis, qui cessent de travailler quand la lune est en conjonction avec le soleil, qui est lors qu'elle nous est cachée. Plusieurs herbes nous font voir à l'œil les vertus

---

(1) Inutile de rectifier les idées astronomiques émises par Olivier de Serres dans ce chapitre. Tout le monde est fixé, aujourd'hui, sur la valeur de ces idées, qui avaient cours autrefois. (N. E.)

du soleil et de la lune, comme entres autres, ceste espèce
d'héliotropon, à telle cause dite communément herbe-au-
soleil, la cichorée, les lupins, se tournans ordinairement
avec le soleil, tous-jours le regardans, si qu'à cela peut-
on recognoistre les heures du jour. Partant il seroit à
souhaiter nostre père-de-famille estre bien instruit et de
la propriété des astres et signes célestes, et du naturel
des choses, sur lesquelles ils ont pouvoir; à ce que les
approprians ensemble, n'y eust ès affaires des champs que
bonne harmonie, telle que nous voyons estre sur nostre
hémisphère. Je dis, à souhaiter plustost qu'à espèrer,
n'estant possible que l'homme des champs puisse attain-
dre jusques à telle profondeur d'astrologie. Science, au
suprême degré de laquelle un seul *Salomon* par bénéfice
singulier de Dieu, est parvenu : moyennant laquelle, il a
eu la parfaicte cognoissance des noms, propriétés et influences des astres, planètes, estoiles et images célestes ;
ensemble de tous les animaux, plantes, racines, semences, fleurs, fruicts, herbes, gommes, pierres, bois, et autres matières estans en la mer et en la terre. Quelques
autres excellens philosophes, mais en petit nombre, ont
aussi surpassé le reste des hommes au sçavoir de telles
choses : comme nous lisons de *Thalès*, *Démétrius* et de
Sextius, lesquels en divers temps, préveurent de loin, par
le lever de la poussinière, la cherté de l'huile, à cause de
la future mortalité des oliviers. Or quand il avient que les
grains rendent vingt-cinq, trente ou quarante pour un,
faut nécessairement conclurre, que par heureux rencontre le ciel, et la terre, qui s'est treuvée parfaictement bien
préparée, ont entièrement favorisé les semences, d'elles-
mesmes très-bien qualifiées. Donques, comme telle abondance se void très-rarement, par droict nom, l'appelle-
rons-nous, rencontre, et non science qui réside en l'entendement de l'homme : Dieu ne lui ayant voulu donner
de l'intelligence des choses célestes et terrestres (de peur
d'en abuser par sa légère curiosité), que seulement pour
sa nécessité et légitime usage : à ce que s'arrestant au
Créateur, en contemplast les créatures.

N'estans donques telles sciences entièrement commu-
niquées à tous hommes, sans nous y enfoncer trop avant,
ne mesme nous arrester au grand nombre d'estoiles, dont
Virgile et *Columelle* observent le lever et coucher pour
les affaires des champs : nous-nous contenterons de la
modérée cognoissance qu'il aura pleu à Dieu nous en

donner. Et nous suffira de sçavoir en quelle saison, et en quel poinct de la lune (qui est l'astre duquel nous nous servons le plus, pour sa proximité, nous estant sa faculté plus apparente que de nul autre) convient expédier nos principales besongnes, comme ci-après sera particulièrement monstré, le propos s'en présentant.

Sur quoi est à noter, que par tout généralement l'on ne se treuve d'accord sur telle matière, pour la diversité des opinions qu'on remarque parmi les hommes. En France, plusieurs choses de mesnage se font en la nouvelle lune, lesquelles en Languedoc l'on n'oseroit entreprendre qu'en la vieille. Par exemple, les aulx en France sont semés, pour les faire engrossir, en la nouvelle lune, et pour la mesme cause en Languedoc et Provence en la vieille. Et si là dessus on veut dire que la diversité des climats, distans entre telles provinces de trois à quatre degrés, cause telle différence; l'on ne sçait que respondre sur ceci, que les jardiniers d'Avignon et ceux de Nismes, quoi-que sous mesme climat, ne sont d'accord en tout par ensemble : faisans heureusement les uns en une lune, ce que de mesme les autres font eu une autre. En France, les sarmens à planter la vigne sont cueillis en la nouvelle lune, et presques par tout ailleurs, en la vieille. Plusieurs, pour la réserve des chairs salées, en tuent les bestes au croissant, et infini nombre d'autres au décours. Les uns tiennent la nouvelle lune propre pour tailler la nouvelle vigne, et les autres la vieille. Jusques ici, tous les enteurs d'arbres ont tenu comme cabale, les greffes en devoir estre cueillis au décours de la lune, croyans qu'autant d'années tardoient à porter fruict, qu'il restoit de jours de la lune, lors qu'on les cueilloit : mais l'expérience a apprins cela estre toujours bon, moyennant le beau temps.

Ainsi, en somme, est-il de tous autres affaires du mesnage, ausquels le prudent agricole pourvoirra par son bon sens, selon les circonstances. Car à quoi aussi tourmenter son esprit, pour se précipiter en l'abysme de curiosité, puis que seulement en se laissant aller au courant des accoustumances, il faict ses affaires ? Là donques s'arrestera-il, comme a esté dict, plustost qu'à autres adresses ayans apparence de raison, laquelle souventesfois ès-actions humaines, est desmentie par l'expérience. En quoi se manifeste l'ignorance de l'homme, qui depuis sa création n'a peu apprendre en spécial pour son particulier usage, ce dont en général il triomphe de discourir. C'est aussi le commun dire,

> Que l'homme estant par trop lunier,
> De fruicts ne remplit son paniér.

Il est vrai qu'il y a des choses sur lesquelles il semble que par commun consentement, arrest ait esté donné, quant à l'observation du poinct de la lune, ce que je ne voudrois enfraindre. La couppe du bois pour bastiment et meubles, est ordonnée estre faite en décours de lune, de peur de vermolissure : mal qu'on ne craint en celui qui est destiné à tremper continuellement dans l'eau, comme en moulins, ponts et semblables ouvrages, pour lesquels bois coupper on ne regarde la lune. Puis que nos ancestres l'ont ainsi voulu, et que nous le pratiquons heureusement, nous ne devons, par singularité, mettre en hazard la durée de nos édifices. En ce rang est le moudre des blés pour la garde des farines, qui est meilleure (comme aussi le pain qui en provient moins sujet à moisir) la provision en estant faicte en décours, qu'en croissent. Les vignes languissantes sont secourues par la taille de la nouvelle lune, et par celle de la vieille, est rabatu l'orgueil de celles qui se jettent trop en bois.

Non plus aisé est-il de remarquer exactement les changemens des temps, pour les prévenir, estans leurs adresses très-incertaines, mesme (selon le dire des vieilles gens de ce siècle) les signes changés. *Columelle* aussi remarque telles mutations avenir par succession de temps à autre. Ici un recoin de montaigne, arreste le broüillas, là le donne : ici le bruit d'un torrent, présage de la pluie estre près, là le soufflement des vents. On remarque qu'ès quartiers de Tholoze, le vent de midi dessèche le terroir, et celui de septentrion, leur donne la pluie. Au contraire, despuis Narbonne jusques à Lion, par toute la Provence et le Dauphiné, cestui-ci donne la sécheresse, et cestui-là l'humidité. En Bourgongne les plus fréquentes pluies viennent du couchant, et en Guienne du levant. Donques par là appert, peu de lieux s'accorder ensemble en toutes choses, et chacun avoir ses signes particuliers.

Mais comme en aucuns poincts (1) y a correspondance

---

(1) Plusieurs de ces pronostics sont exacts. Il en est d'autres dont on a constaté la justesse ; nous ne les reproduisons pas ici, parce qu'ils se trouvent dans les almanachs.   (N. E.)

d'avis sur les facultés de la lune, ainsi en est-il des signes, pour la prévoyance des qualités des temps. Car par tout on croid la pluie estre prochaine, quand les canars et cannes privées se plongent et lavent extraordinairement dans l'eau : quand le sel devient humide : quand les murailles dans la maison suent : quand la suie des cheminées tumbe d'elle-mesme en abondance : quand les mousches, pulces, punaises, picquent plus fort que de coustume : quand les privés et cloaques augmentent leur puanteur : quand la vermine sort de terre, en la rejettant en haut par des trous : quand les scorpions sortent à l'aer, grimpans ès murailles : quand le feu ardant dans l'huile, ne brusle le coton qu'en pétillant : quand le soleil à son lever est de couleur blesme ou jaunastre, ayant ses rayons courts et chauds, le corps tacheté, et mesme s'il est veu au travers de la nue : et à son coucher aussi tacheté, couvert d'un nuage obscur, laissant la vesprée courte : laquelle plus ou moins présage de la pluie avec tempeste pour le lendemain, que plus ou moins elle aura esté enveloppée de nue bluastre. Plusieurs semblables signes avons-nous pour adresse à telles choses, dont les contraires promettent contraires effects. Aussi tire-on de la lune prognostiques généraux des temps, universellement receux, et jusques à nous conservés, en la doctrine des anciens. Au quatriesme jour après sa conjonction avec le soleil, elle donne indice de la température du reste de ceste lune, c'est à dire, tel temps qu'aura faict ou du matin, ou à midi, ou au soir : tel temps fera le demeurant du mois ; ou au premier quartier, ou en pleine lune, ou au second quartier. Davantage, si au croissant la corne d'enhaut se monstre plus obscure que l'autre, c'est signe qu'il y aura pluie vers le premier quartier : si c'est la corne d'embas, au dernier quartier : et si au milieu, quand elle sera en son plein. Chacun soir, par l'aspect de la lune, se peut cognoistre quel temps fera le lendemain, en quel degré qu'elle se treuve, en croissant ou décroissant : si donques la corne qui regarde en haut, est droicte et aiguë plus que l'autre, le vent de bise ou de septentrion soufflera le lendemain : et si la corne d'embas est plus droicte et aiguë, ce sera le vent du midi. Cet indice est remarquable en la coronne de la lune appelée des Latins, *Halo*, qui se faict, quand il apparoit un cercle petit ou grand à l'entour du corps de la lune, et lequel signifie indifféremment bon ou mauvais temps : bon, s'il s'esvanouit de tous costés : mauvais, s'il se rompt : commençeant le vent à souffler du costé qu'il se rompra. Que s'il y a plusieurs de ces cercles à l'entour de la lune, et qu'ils se rompent en divers endroits, est presque asseurance de prochaine tempeste. La palleur de la lune promet la pluie : sa rougeur, le vent : et sa clarté, le beau-temps. Sur quoi on dit communément,

> Le rouge soir et blanc matin
> Font réjouir le pélerin.

D'ordonner à nostre père-de-famille les œuvres qu'il doit faire faire à ses gens par chacun mois de l'année, me semble n'estre à propos : et m'excuseront les autheurs de rustication, si en cela je ne les imite, pour les diverses facultés des climats, et des saisons hastives et tardives, causans le mesme à la maturité des fruicts : but de nostre agriculteur. En France et provinces voisines, la couppe des blés est en Aoust : en Provence, Languedoc et voisinage, en Juin et Juillet, voire en Mai pour aucuns blés. Ce n'est seulement de climat à autre, où telles différences se voyent, ains d'horizon à horizon, ne s'entr'accordans pas mesme en toutes choses, deux terroirs contigus. Et comment avec telles difficultés seroit-il possible de prescrire sans confusion, les droictes saisons de mettre la main à l'œuvre ? D'ailleurs, peut-on aller tant justement aux choses du mesnage, qu'un mois ne marche sur l'autre ? C'est à dire, que ce qui n'aura peu estre achevé en Février, ne se parface en Mars ? Il n'y a mesnager qui n'ait expérimenté une pluie, une sécheresse, une froidure, une chaleur, un vent, une maladie, un procès, un voyage ou autre semblable événement, lui avoir faict changer ses desseins, de sorte que ce qu'il délibéroit faire en Octobre, ne l'ait renvoyé en Novembre. Et comme il avient que le charpentier se treuve esbahi, quand son bois se fend au rebours de son intention, dont toutes-fois ne laisse d'en faire de bon ouvrage : ainsi nostre père-de-famille treuve bien souvent, avec utilité, la fin ne respondre au commencement de ses entreprinses. Chacun sçait la générale ordonnance de Dieu sur l'ordre qu'il a establi en nature. Il a commandé à la terre de recevoir les semences en ces trois saisons de l'année, automne, hyver, et printemps, et de les rendre avec usure, en l'esté. L'automne rapporte les raisins, dont les vignes auront esté cultivées ès autres saisons. Ainsi des prairies : ainsi

des jardinages : ainsi de la cueillete des fruicts des arbres : de la nourriture du bestail, et autres choses de
mesnage, lesquelles n'est besoin marquer tant finement.

Donques le bon mesnager sans s'amuser d'attendre par
trop les lunes, les signes, les mois, ne les jours, expédiera
ses affaires lorsque par bon tempérament le ciel et la
terre s'accorderont par-ensemble ; prenant par les che-
veux l'occasion venant des bonnes saisons, qui n'estans
de longue durée, ne vous donnent tous-jours loisir de
parachever à l'aise vos affaires : à ceste fin se munissant
de diligence, comme du plus secourable outil duquel
l'homme se puisse servir en toutes actions. Si d'aventure
le poinct de la lune s'accorde au temps, selon vos expériences, tant mieux ; ce que toutes-fois ne tiendrés que
pour accessoire. Et ne soyés si mal-avisé de prendre
occasion de délayer vos ouvrages, sur ce que quelques-
fois les avancés trompent : car il est bien encores plus
rare d'avoir bonne cueillète des reculés ; mesme des
tardives semences, tant rejettées des bons mesnagers,
qu'ils tiennent les blés en provenans, quoi qu'en abondance, devoir estre bruslés : de peur que l'exemple de
leur fertilité ne nous rende paresseux avec perte et honte.

CHAPITRE VIII.

Des Façons du Mesnage.

Avant que particulariser la culture de la terre, est
nécessaire de monstrer les diverses façons sous lesquelles
les mesnages sont conduicts, pour s'arrester là où plus se
treuvera de profit et de plaisir. Ces deux principales
façons sont dès long temps en usage, de faire cultiver les
terres par serviteurs domestiques, et par fermiers ; seules
restées à nous de la simplicité de nos ancestres. Car, que
le père-de-famille y employe ses mains, la saison en est
ja passée, en laquelle les plus riches et meilleurs mesnagers estoient laboureurs : et en vain, pour exemple repré-
senterions-nous un *Manius Curius*, un *Attilius Regulus
Serranus*, un *Marcus Cato*, un *Quintius Cincinnatus*, un
Caius Fabricius, un *Curius Dentatus*, et autres notables
hommes de l'antiquité, prenans à grand honneur d'avoir

soin des choses rustiques ; et les faire voir, de la charrue, monter à la dignité d'empereur, conduire des armées, et après leurs batailles et victoires, laisser plus volontiers telles suprêmes charges, qu'ils ne les avoient acceptées ; pour retourner à leurs labourages, vivre de raves, du pain et du vin de leurs valets, estant à faire à paysans que d'imiter ces bons pères ; tant sommes-nous confits en paresses et délices. En chacune de ces deux façons, se treuvent beaucoup de difficultés, selon le naturel de toutes choses. La peine de conduire un mesnage n'est petite, pour les malignes humeurs de la plus-part des gens de service, causant, mesme en l'absence du maistre, ce tant frauduleux labeur des domestiques, duquel, avec raison, l'on se plaint si fort. Ceci augmentant le mal, que tandis court la despence des vivres et du payement des serviteurs, tellement grande, que souvent c'est à la ruine d'une bonne maison, au lieu du profit espéré ; ce qui a faict dire,

> Si le beuf a rempli ta grange,
> C'est aussi le bœuf qui la mange.

Le mesme chante le poëte,

> Veux-tu sçavoir quelle voie
> L'homme à pauvreté convoie ?
> Eslever trop de palès,
> Et nourrir trop de valès.

Ces difficultés ont ja esté représentées, et aussi l'ordre à les surmonter ; et tumbant de fièvre en chaud-mal : voici celles des fermiers,

> Celui son bien ruinera,
> Qui par autrui le maniera.

C'est la préface de ce discours, afin que pour un préalable l'on face son compte, le bien se descheoir entre les mains des fermiers. Si choisissés riche vostre fermier, comme de nécessité faut qu'il ait du moyen pour fournir vostre domaine, de bestail, d'outils, de semences, de meubles, de vivres, d'argent, et d'autres choses requises, voudra avoir vostre bien à trop bon marché, et n'y entrera qu'avec asseurance de grand profit, sous conditions rudes, et pour vous peu avantageuses. Joinct qu'y estant, son ignorance, son orgueil, son irrévérence, et autres siennes incivilités, vous importuneront. Si pauvre, posé qu'en jouissiés comme voudrés, vous en promettant bon prix,

serés contraint, non seulement d'attendre ce qui aura esté
convenu entre vous, mais aussi de lui fournir deniers,
blé, meubles, bestail, pour avancer vos affaires, autrement demeureroient-ils en arrière, avec danger d'en estre
mal rembourcé, à cause de sa pauvreté, qui lui oste le
moyen d'attendre la vente de ses fruicts, dont bien souvent n'en peut-il tirer la raison. Or si d'aventure le trop
de profit que c'estui-là faict sur vostre bien vous est
odieux, la perte de cestui-ci vous désagrée. Et quel qu'il
soit vostre fermier, au lieu d'augmenter vostre bien, le
vous diminuera; comme à la longue ainsi le recognois-
trés, quand au bout de leurs termes, ils vous rendront
vos terres, lasses et recreues, comme chevaux de louage,
et vos maisons débiffées. Estans tous, ou la plus-part, jettés en ce moule, que d'estres avâres, paresseux et ignorans. Principalement c'est l'avarice qui règne par-sus
telles gens; qui pour l'espargne d'un clou ou d'une tuile,
laisseront dissiper une partie de la couverture du logis;
en danger, par telle particulière ruine, de causer la générale de l'édifice. A faute de tenir un fossé ouvert, l'eau
vous dégastera une terre: de mettre un pau en une cloi-
son, ou de relever un pas de muraille, une vigne se dissi-
pera. Quant à laisser brouter au bestail les arbres, et en
desrober les fruicts, cela leur est tant fréquent, que
mesme en ceci les plus modestes fermiers sont insupportables; par avoir femmes, enfans, et autres domestiques
qui indiscrètement s'en fournissent. Défraudent la culture
des champs et des vignobles, par avarice et négligence,
ne leurs donnans les œuvres nécessaires, et en les char-
geans plus que de raison; les prairies mesme, quoi-que
faciles à gouverner se ressentent de leur mauvais mesnage. Si vostre fermier a du bien près du vostre, tenés-
vous pour dict, qu'à vostre perte, son domaine se labourera et engraissera, l'allant cultiver et fumer, le bestail se
nourrissant en vos fourrages et pasquis, quelques conventions qu'ayés faictes par-ensemble. Jamais en vostre
fonds, une seule réparation n'est faicte par fermiers,
quoi-qu'à eux nécessaire, et de si petit prix, qu'eux-mesmes en fussent largement rembourcés durant leur terme,
si après icelui, elle vous demeure. Encores moins devés
vous espérer qu'ils fassent rien de beau ès jardinages ou
ailleurs, pour vostre délectation, non un seul ente: car,
outre que leur esprit est grossier, ils se faschent si vous
faictes faire quelque gentillesse en vostre domaine; de

peur que tels moyens vous y attirans, ne vous donnent l'entière coignoissance de vos affaires, voyant leur mauvais mesnage, et le trop de profit qu'ils font sur vous, et que finalement les en sortiés. En somme, tout leur mesnage se faict par fraude, en grondant, n'ayans esgard qu'au seul gain, sans penser à l'honneur. Descrient vostre bien, publians ses défauts, et taisans ses commodités. Jamais ne confessent y avoir gaigné, mais tous-jours afferment y avoir perdu : tant pour desgouster d'autres de courre sur leur marché, que pour vous oster la fantasie de le tenir à vostre main ; faisans tout impossible, ou du moins très-difficile à gouverner. Seroient contens ne vous voir jamais sur vostre bien, n'en pouvans dissimuler le marrisson ; principalement au temps de la récolte, de peur de se voir contrerollés par vous, en observant la quantité des fruicts qu'ils cueillent en vostre terre. C'est pourquoi les domaines, quoi-que beaux de nature, ayans demeuré quelque-temps entre les mains de telles gens, deviennent laids et hideux, comme portans le dueil pour l'absence de leurs maistres. Attendu, qu'autre chose ne s'y faict durant ce temps-là, que pour les garder d'extrême ruine : sans penser ni aux ajencemens, ni aux nouvelles fondations et réparations, pour l'augmentation du revenu. Ou ce seroit que baillassiés vos réparations à tasche ou à prix-faict, à la mode des grands seigneurs et des grandes villes. Ce que toutes-fois n'est du commun usage des mesnagers champestres : lesquels les font à l'espargne, mieux et plus profitablement, estans sur les lieux, que beaucoup d'autres avec grosses sommes de deniers comptants ; pour les commodités qu'ils tirent de la terre par eux maniée, de vivres, de courvées des serviteurs et bestes du labourage, employées en temps perdu lors qu'on ne peut ouvrer aux champs, pour l'incommodité des temps ; et tout cela se perd pour vous entre les mains des fermiers. *Columelle* discourt au long de telles difficultés, ja de son temps en usage, pour la grandeur de Rome, dont la richesse avoit efféminé la plus-part de ses hommes, et par-là leur avoit faict abandonner les héritages entre les mains des fermiers, si-que ce ne sont que plaintes et regrets de son temps, que ce qu'il en dict. Nous avons pour le jourd'hui encores plus d'occasion de plaindre sur telle matière, que *Columelle* n'avoit alors, pour aller les choses en empirant, selon le cours de ce monde : empirées aussi par la longueur des guerres de nostre siè-

cle, qui de paresse et de desloyauté ont corrompu toutes
sortes de personnes. Dont se treuve vérifiée la maxime,
*qu'avec labeur le bien s'acquiert, et avec longueur se pos-
sède :* et, *que plus couste de le garder, que de l'achepter.*
Pour lesquelles incommodités, pourtant, l'homme d'entendement ne jettera le manche après la coignée, en laissant
ses terres en friche : ains se roidissant contre les difficultés, et des serviteurs domestiques, et des fermiers, discernera prudemment les temps, les lieux, et les personnes ;
pour, sur le maniment de sa terre, tirer une résolution
utile.

Si le temps est troublé par guerres ou autres sinistres
occasions : si l'assiete de vostre domaine est mal-saine,
ou de terre peu fertile, ou escartée par pièces séparées,
esloignées les unes des autres : si vous n'estes affectionné
au mesnage ; que vostre femme n'y soit propre, providente
et espargnante ; que ne soyés sains et bien disposés, ne
devés vous charger d'un grand mesnage ; auquel, avec
tels obstacles, treuveriés plustost à perdre, qu'à gaigner.
Si en outre, estes au service des rois ou princes : si ès
villes, pourveu d'offices en la justice, ès finances, ou en
autres grandes charges : si y avés des négotiations et trafiques d'importance, où treuviés beaucoup plus à gaigner,
qu'à la culture de vos terres : ne laisserés tels moyens pour
vous aller confiner aux champs (le plaisir suivant toujours
le profit) ou seroit que, poussé de la Divinité, quittassiés
les vanités du monde, pour aller servir Dieu en repos, re-
culé des compagnies, préférant le contentement de l'esprit
à toutes considérations humaines. Mais l'estat paisible de la
patrie vous favorisant : bonne estant l'assiete de vostre
terre, fertile et unie : l'humeur et la santé de vous et de vostre femme s'approprians au mesnage, tous deux y prenans
plaisir : et que n'avés meilleure, ne si bonne occupation,
que le gouvernement de vostre héritage, ne devés mettre
en difficulié de le faire valoir par vous-mesme : choisissant
à ceste fin, des serviteurs les mieux qualifiés et moins
vicieux que vous pourrés. Cela s'entend sans vous surcharger d'affaires, pour la grande quantité de terres
qu'aurés à cultiver : ains seulement, d'en prendre à la
proportion de vos raisonnables desseins, sans vous en-
nuyer. Le reste de vostre bien pourrés affermer, suivant
ceste antique maxime, et nostre précédent avis,

> De vostre bien baillerés au fermier
> Ce que par vous ne pourrés manier.

Voulans les Anciens dire par-là, que celui n'est sage, qui après avoir beaucoup travaillé à s'acquérir une terre, ou au service des grands; ou au port des armes; ou à la suite des lettres, et finances; au commerce de la marchandise, ou par autres moyens légitimes et ordinaires: mesme l'ayant en don par le bénéfice des parens et amis (ainsi que femme vefve ou enfant orphelin) failli de cueur, l'abandonne prodigalement à un fermier, pour de ses mains, comme de son tuteur, en tirer maigre revenu: cependant voir devant ses yeux, son domaine se déserter et en ses bois, et en toutes ses autres parties; et au contraire son fermier s'enrichir à sa veue.

Mais digne de louange est l'homme, qui se voyant possesseur légitime d'un beau domaine; passant plus outre, s'esvertue, non-seulement à lui faire produire des fruicts à l'accoustumée, ains par ingénieuse dextérité, contraint, par manière de dire, sa terre, d'elle-mesme obéissante au labeur et soin des hommes, à lui rapporter plus que d'ordinaire. A quoi y va de l'honneur: car aussi quelle honte nous est-ce, comme dit *Caton*, d'estre contraints d'achepter, par fainéantise, ce que nostre terre pourroit porter, laissans en arrière, par mespris, les libéralités de Dieu, ne voulans recueillir les biens qu'il nous offre, à faute d'y vouloir penser, et d'employer, non les bras et jambes avec sueur et peine, ains seulement, comme par récréation, nostre esprit et entendement? A telle occasion ceste réprimende a esté faicte,

> Pourquoi achetes-tu du vin
> Ta terre t'en peuvant produire,
> Veu que tu aprestes à rire
> A celui qui est ton voisin?

Caton nous veut emmener là, quand il menace du crime de lèze-majesté ceux qui n'augmentent leur patrimoine de telle sorte, que l'accessoire surmonte le principal: disant aussi, estre grande vergongne, de ne laisser à ses successeurs, son héritage plus grand qu'on ne l'avoit reçeu de ses prédécesseurs. Comment se faire cela? Jamais entre les mains des fermiers, mais bien entre les nostres, si voulons prester à nostre terre, et nostre esprit et nostre argent. C'est le moyen noble d'augmenter le bien, tant célébré des Antiques; desquels le dire se vérifie tous les jours,

> Quoi-que sans art le maistre, avecques peu d'esprit,
> Conduira beaucoup mieux pour soi son héritage,

Qu'aucun fermier qui soit ; lequel, pour tout mesnage,
N'a dans l'entendement que son propre profit.

Si ces oracles du temps passé estoient suivis, nous ne
verrions tant de disetes de toutes choses, comme nous
faisons ; ains grande abondance de biens, car chacun
pensant à ses affaires, feroit labourer sa terre avec science
et diligence, de ses yeux contrerollant et solicitant ses
ouvriers : qui seroit non moindre utilité au publiq, que le
contrai e lui cause de dommage. Avenant quelques-fois
par faute de vivres, sédilions, et maladies contagieuses :
dont avec raison l'on peut dire, que comme l'agriculture
est le moyen duquel Dieu se sert pour le soustien de
ceste vie ; aussi de son interruption, négligée, il tire,
pour la punition des hommes, ces trois notables verges,
famine, guerre, peste. Aussi est-il escrit, *que l'abondance
de la terre est sur tout.*

Or comme les Anciens nous ont permis de bailler-à-
ferme de nostre bien, ce que ne pouvons tenir à nostre
main ; il s'ensuit qu'ils nous commandent d'en faire
cultiver par serviteurs domestiques, ce qui est en nostre
puissance. Suivant ces ordonnances, curieuse recerche
sera faicte de la qualité de nostre bien ; duquel la partie
la plus esloignée, la plus escartée, la plus difficile à
cultiver, sera baillée à ferme : la plus prochaine de nous,
la plus unie, la plus aisée sera retenue. Ceste proximité
s'entend, si le père-de-famille y a sa maison d'habitation,
y faisant sa demeure ordinaire, sans laquelle tout ira mal
en son mesnage : auquel, ne l'expérience des laboureurs,
ne la puissance d'y despendre ce qu'il appartient, ne pro-
fitent tant, que la seule présence du seigneur, pour
retenir chacun en office. De là est sortie ceste sentence,

Le maistre dès son resveil
Au mesnage est un soleil.

C'est la présence du maistre, qui faict devenir diligens,
les paresseux : sobres, les gourmans et yvrongnes : paisi-
bles, les rioteux et querelleux. C'est aussi ce que dit
Pline, que la principale fertilité des terres, consiste en
l'œil du mesnager, non au talon. Telle présence du
maistre sur son mesnage est tant recommandée de Antiques, que *Mago* de Carthage, excellent homme des champs,
et l'un des premiers autheurs de rustication, de peur
d'oublier chose tant importante, commence son livre par
un commandement, faict à celui qui veut achepter une

métairie ; de vendre premièrement sa maison de ville, ou ne le voulant faire, lui défend d'acquérir aucune terre aux champs : pour l'incompatibilité de ces deux façons de vivre. Nous ne sommes aujour-d'hui tant austères, que de nous priver sciemment de la liberté d'avoir des maisons ès villes, où quelques-fois la demeure est, et salutaire et nécessaire, pour plusieurs bonnes causes : quand mesme ce ne seroit que pour s'y aller recréer avec les amis : comme tous-jours ou le plus souvent, les changemens volontaires plaisent ; mais de s'y arrester par trop. est faillir en mesnage, Ainsi,

Nous voyons quel bien nous pouvons affermer ou arrenter : et quel tenir à nostre main. En cas d'afferme, que le seigneur accorde à son fermier du prix du revenu de son bien, en deniers, fruicts ou autres choses, comme il verra le meilleur : lui en passant contract pardevant notaire, avec tant de seuretés dont il se pourra aviser, y apposant des rétentions, courvées, et autres conditions, selon la portée de son domaine, et conservation de sa liberté ; ce qui ne se peut particulariser, pour les diverses coustumes des pays. Mais qu'il y pense bien, avant que serrer marché, afin que pour son avantage, il n'oublie aucun article : sans espérance d'avoir après par honnesteté, plus que ce qui aura esté convenu et escrit, pour l'avarice et discourtoisie de la plus-part de telles gens. Or comme ceste-ci est la plus seure voie ; de tirer sans despence ne souci, le revenu de vostre terre ; de mesme en est-elle la plus ruineuse façon de mesnage, comme a esté monstré, par laquelle vostre domaine, laissé à l'avarice de vostre fermier, qui en arrrache durant son terme tout ce qu'il peut, se diminuera en valeur, et finalement se ruinera ; si en contractant n'y est pourveu en termes exprès.

Quant à tenir son bien à-sa-main, en voici le plus difficile ; la continuelle solicitation au travail ; et, l'ordinaire distribution des vivres pour la nourriture des serviteurs et manœuvres. Comme ces charges sont distinctes, distinctement aussi sont elles dispersées. C'est de l'ordonnance antique, que les affaires des champs demeurent au mari, et celles de la maison, à la femme, avec toutes-fois communication de conseil, pour tant mieux faire aller le mesnage, que plus d'utilité reçoit-on des choses préveues, que de celles commencées à l'aventure. En ceste négoce rustique, l'avantage est au père-de-famille ; car en se promenant, avec récréation il faict sa charge, ses affaires estans où son plaisir le meine. Mais il n'est ainsi de la mère-de-famille, laquelle sans très-grande peine, ne peut pourvoir à l'ordinaire nourriture des siens : encores-moins les contenter tous, tant pour les diverses humeurs des gens de service, la plus-part personnes mal créées, que pour l'extrême souci d'avoir continuellement en teste, tout ce qui appartient à la nourriture d'une grande famille, sans lui donner une heure de relasche, dont, comme d'un fièvre continue, elle est tous-jours tourmentée.

Pour le soulagement de la mère-de-famille, le non-nourir des serviteurs est inventé. Au lieu de la despense de bouche des serviteurs et mercenaires, leur est baillé du blé, ou farine, ou pain, lard, fourmage, huile, sel, légumes, vin, ou autres alimens, pour leur nourriture de toute l'année, dont on convient, et de la quantité, et des payemens, selon les circonstances et les lieux. Aussi un jardin, pour avoir des herbes : un quartier de logis séparé, pour leur retraicte et faire leur ordinaire, ou plustost la maison du métayer, bastie dans la grande court, avec une servante ; afin de leur aprester à vivre. Par tel ordre, vos gens se nourrissent à leur contentement, librement mangeans à leurs heures, sans nullement vous importuner en vostre habitation, si qu'autre soin n'avés que de leur faire bien employer le temps ; et au terme, de les payer de leurs gages.

Ceste façon de mesnage approche de celle dont plusieurs en Languedoc usent, pour la culture des domaines escartés. Tels domaines sont baillés en charge à un maistre-serviteur (au langage du pays appellé *Païré*, c'est-à-dire, père) lequel a d'autres serviteurs sous lui, tant qu'il suffit. Le seigneur lui fournit tout le bestail, outis et semences : accorde avec lui des gages de tous les serviteurs, en deniers et habits, et pour la nourriture de tout le mesnage durant l'année, en blé, lard, huile, sel, légumes, vin, et autres denrées, et avec de l'argent aussi. Moyennant lesquelles conventions se charge de tous les labeurs, et d'en rendre tous les fruicts en provenans. Faut que ce père soit marié, pour le besoin que tout mesnage a de la conduite d'une femme. Le seigneur donne gages à la femme aussi bien qu'au mari, qui sont limités par le nombre de leurs enfans, moindres estans les gages, que plus de petits enfans il y a : les grands capables de servir, estans retenus à gages, selon leurs capacités.

D. M.

6

Touchant les journaliers et manœuvres, requis pour la culture des vignes et semblables besongnes, mesme pour les réparations extraordinaires : qui ne se voudra charger de la fatigue de les nourrir, les payera au seul argent, à tant la journée : portans leur munition pour vivre quand ils viennent travailler chés vous. Ceste façon de mesnage, estant grande consommation de deniers, vient souventes-fois mal-à-propos au père-de-famille, mesme lors que ses denrées sont à petit prix, et mal-vendables : desquelles commodément ne se peut-il servir en cest endroit, lui estant aux champs, où il est plus convenable de les y faire manger après ses ouvrages, que de les envoyer loin pour les vendre, afin d'en retirer le payement de ses ouvriers. C'est plustost à l'utilité de l'homme de ville, que tel ordre est establi, pour la culture des jardins, vignes, et autres semblables propriétés, auquel est plus commode payer ses ouvriers à l'argent sec, que d'y ajouster la nourriture. Aussi à tel mesnage ne sont beaucoup duites les femmes de ville, qui volontiers souscriront à cest avis.

Voici encores du soulagement. Il est certain que la plus grande fatigue du mesnage est ès moissons, tant pour la difficulté d'avoir des ouvriers pour coupper les blés, que pour la peine et despense de les nourrir, veu le grand nombre nécessaire à telle œuvre. De telle fatigue l'on se descharge entièrement; en baillant à coupper et lier les blés à tache, ou à prix-faict ; c'est à dire, sçavoir que donner en blot pour ce faire : ou passant plus outre, à les rendre nets par battre ou fouler selon les pays, et ce, ou en grain ou en argent. Ou bien sans tant hazarder, accorder à tant pour cent ; ou a compte, un pour tant, à la meilleure condition qu'on peut. Ainsi ces diverses façons de mesnage, peuvent estre dictes, parties d'af-ferme ; plus ou moins s'en approchans les unes que les autres. Toutes lesquelles reviennent au seul soulagement de la mère-de-famille, demeurant la charge du père-de-famille, entière et nécessaire pour la conduite de ses af-faires. Mais si tant est que, et lui et sa femme, se vueil-lent communément descharger de l'importune peine et sujet du mesnage, ainsi le pourront faire : sans toutes-fois abandonner leur bien à la merci du fermier (1) : ains à

---

(1) Olivier de Serres paraît pencher pour le métayage, c'est-à-dire pour le partage des produits de la ferme. Le colonnage est très repandu dans le centre et dans le midi de la France, mais dans les autres parties, c'est le fermage qui domine, et nous croyons que les propriétaires ont par ce système moins d'embarras et plus de bénéfices. (N. E.)

tel effect, le bailleront à cultiver à demi-fruicts, au tiers, au quart, ou à autres conditions acceptables, selon les pays ; par le moyen desquelles, le bien se maintient en assés bon estat.

Dès long temps ceste façon-ci de cultiver la terre est en usage par les provinces de ce royaume et estrangères, mais non généralement pratiquée de mesme sorte, pour la diversité des mœurs et coustumes. D'où avient, que c'est, ou en gerbe ou en grain, par inégales ou esgales portions, que le seigneur partage avec son métayer : avec aussi apposition de plusieurs conditions, diversement receues ou rejettées, non seulement de province à autre, ains presques de voisinage, tant les hommes sont particuliers. Si le métayer faict tout le mesnage des blés à ses despens, c'est à dire, qu'il laboure et ensemence les terres, qu'il sarcle les blés, les moissonne, qu'il en charrie les gerbes dans la grange ou en l'aire, selon le climat, les y entasse, les batte ou foule jusques à en rendre le grain net : lui estant par le seigneur fournie la moitié du bestail et outils du labourage, la moitié des semences, toutes les pailles laissées avec quelques journées de pré et autres pasquis, sans desbourcer argent, pour son bestail de labour, la moitié des fruicts des arbres ; ne paye le métayer, que la moitié des tailles, censes et autres ordinaires charges y eschéans. J'estime la condition raisonnable, si en la cueillète, les gerbes ou les grains sont partagés par moitié entre le seigneur et le métayer, n'y ayant en icelle aucun ou bien-petit hazard pour des parties.

Mais faire à la mode de plusieurs du Languedoc, du Dauphiné, et de la Provence, est rendre plus chère que de raison, la façon du labourage et conduite des blés. Outre tout le bestail et instrumens de labour, et la moitié des semences qu'ils baillent au métayer, lui aident à semer, sarcler, moissonner, s'accordans à certaine somme d'argent pour la valeur de ces choses : payent les gages d'un homme qui sème tous les grains (servant au seigneur de contrerolleur), donnent de l'argent ou du blé pour sarcler et moissonner, contribuent du sel, pour les bestes de labour ; du fer, pour les socs. Après, un tiers vient avec des chevaux, mulles ou jumens, fouler les blés en l'aire ; desquels, pour ses peines, il tire la vingtiesme partie, ou autre telle qu'ils accordent, outre la grande despense que ces bestes-là font en l'aire. Finalement, le reste est partagé par moitié, entre le seigneur et le métayer, qui du surplus pour la nourriture du bestail, de labour, retient toutes les pailles ; et sans payer aussi, jouit des herbages prochains. Particulièrement en certains endroits du Dauphiné, mesnagent encores plus au détriment du seigneur, d'autant que le granger ou métayer, venue que soit la moisson, baille à coupper et battre les blés à un prix-fachier, qui pour son salaire comprins ses despens, prend sur le monceau du blé, la septiesme ou huictiesme partie, ou autre telle portion convenue par-ensemble. Et le demeurant, est, comme dessus, partagé par moitié entre le seigneur et le métayer : duquel, par ces deux façons de mesnage, appert la condition estre meilleure en cest endroit, que celle de son maistre : en tant que pour le seul labourer, et charrier les gerbes en l'aire, il tire la mo tié franche, de tous les grains qui en proviennent. Salaire excédant les limites de bon mesnage.

Quant aux vignes, qui ne les afferme à l'argent, la chose est assés raisonnable de les bailler à moitié : mais c'est à la charge, que le seigneur se prenne bien garde qu'elles ne soyent taillées trop longuement, pour la tromperie qu'en cest endroit font les vignerons : lesquels, afin d'avoir du vin en abondance, laissent aux vignes par trop de bois, dont elles succombent en peu de temps. Aussi pourvoirra qu'elles soyent marrées autant de fois et si bien qu'il appartient, autrement ne seroient de longue durée, pour bien qu'elles fussent taillées. Que les vignes perchées et appuyées soyent fournies de bois, selon le besoin, liées et ployées par art. Les maigres, fumées ; et toutes ensemble, gouvernées curieusement en bon mesnager : autrement elles ne seroient de longue durée, estant la vigne, la partie du domaine moins propre à souffrir la négligence du laboureur. Les arbres fruictiers et jardinages, symbolisans avec la vigne, demandent aussi exquis traictement, lequel leur déniant, leur revenu et beauté seront tost diminués. Touchant aux prairies, rien n'y a-il de plus affermable qu'elles, pour le peu de soin qui leur est requis : tant-y-a, que si abusans de leur facilité, on les vouloit du tout abandonner à la négligence, en fin elles reviendroient à néant. Pour lesquelles ruines prévenir, le père-de-famille apposera en ses contracts, tant de pactes et conditions, qu'elles suffisent à retenir l'avarice et la paresse de ses métayers.

Touchant aux bois, pasturages, et gouvernement du bestail, ils s'afferment en tant de façons et si differentes, pour la diversité des espèces, et pays, qu'il est impossible de représenter justement le moyen qu'on a à se conduire en cest endroit, et pouvoir discerner quelles façons sont plus profitables ou moins nuisibles. Non plus des estangs, garennes, colombiers, et autres gentillesses du mesnage. Ce sera au prudent père-de-famille de penser deux fois, à les commettre à la miséricorde des fermiers, de peur d'en voir bien tost la fin. Aussi se résoudra-il, qu'à mesure qu'il se veut esloigner de souci, il approche son bien de ruine : comme par les précédens discours cela est clairement représenté. Or puis qu'à tirer la raison de la terre, y va de la fascherie, pour la négligence, pour l'ignorance, pour la fraude, pour la despense, et autres incommodités qu'on y treuve en la faisant cultiver, soit par serviteurs domestiques, soit par fermiers, le meilleur sera de ne vous attacher du tout à une seule façon de mesnage. Ains changeant quelques-fois, tiendrés vostre domaine certain temps à vostre main, et en suite l'affermerés pour quelque petit nombre d'années, non trop longuement. Par ces changemens, en vous deslassant, passerés les difficultés du mesnage; et de temps à autre, prendrés nouveau avis, selon les occurences : par ce moyen, conservant tous-jours vostre liberté. Cela s'entend pour les biens qu'on peut commodément tenir à sa main, non pour les autres, lesquels la difficulté du maniment rend pour jamais affermables.

Comme nous avons distingué les diverses sortes de fermes, aussi est-il besoin d'en distinguer les fermiers : ce que ferons sous ces deux noms, fermier et métayer, pour ne nous confondre. Le fermier est celui qui prend le bien à certain prix, duquel il se charge à ses périls et fortunes, ainsi qu'on le void pratiqué aux fermes du roi, des princes, des grands seigneurs, des communautés, des pupilles et autres. Le métayer ne se hazarde tant avant, ains seulement s'oblige de cultiver le bien à la portion, selon les pactes convenus. Il est ainsi appellé en France, de métairie : et en Dauphiné, granger, de grange ; l'un et l'autre édifice audit pays, signifiant une mesme chose, bien-qu'en France, la grange ne soit que partie de la métairie. Et d'autant que, et le fermier et le métayer, sont de l'art de la terre, de mesme qualifiés les recercherons-nous. Sur telle élection donques, curieusement avisera nostre père-de-famille : et par semblable adresse, se choisira et l'un et l'autre, leurs charges symbolisans ensemble, comme a esté dict. Tel sera le fermier, de mesme le métayer. Homme de bien, loyal, de parole, et de bon compte: sain: aagé de vingt-cinq à soixante ans: marié avec une sage et bonne mesnagère: industrieux: laborieux: diligent: espargnant: sobre: non amateur de bonne chère: non yvrongne: ne babillard: ne plaideur: ne villotier: n'ayant aucun bien terrien: ou au soleil: ains des moyens à la bource. Ainsi qualifié et rencontré, sera celui qu'il vous faut, avec lequel n'entrerés en piques à peu d'occasion, mais suppouterés doucement ses petites imperfections: toutes-fois avec un jusques où, gardant vostre authorité, afin de ne l'accoustumer à désobéir et à ne craindre. Compterés souvent avec lui, de peur de mescompte. Ne laisserés courir sur lui terme sur terme, ni aucune autre chose, en laquelle il vous soit tenu, pour petite qu'elle soit: comme par le contraire n'exigerés de lui outre son deu, rien qui lui préjudicie. Lui monstrerés au reste, l'amitié que lui portés, louant son industrie, sa diligence, et vous réjouissant de son profit, treuvant bon qu'il gaigne honnestement avec vous, pour l'affectionner tous-jours mieux à vostre service. Ne changerés de fermier ne de métayer, si le treuvés passable, que le plus rarement que pourrés: et au contraire, n'en souffrirés aucun, qui n'ait la plus-part des qualités susdites. Et quel que soit vostre fermier ou vostre métayer, n'abandonnés tellement vostre terre, qu'en toutes saisons ne la visitiés (le plus souvent estant le meilleur) pour remédier à temps, aux destracs survenans. Principalement, en la récolte des fruicts tenés-vous en de si près, qu'en tiriés vostre raison. Ne souffrant au reste, en vostre domaine, affermé ou non, aucune introduction de nouvelleté qui vous préjudicie, soit de chemins, soit de pasturages, abbruvoirs, coupes de bois, et autres servitudes. Non plus, laisserés perdre aucune partie des authorités, prééminences, franchises, libertés, priviléges, bonnes coustumes, que vous avés sur vos sujets, et sur vos voisins.

Fin du Devoir du Mesnager.

GLOSSAIRE DES MOTS ANCIENS

Employés par Olivier de Serres dans le Devoir du Mesnager.

———

AINS, mais, au contraire.

APIER, rucher et ruche ; du latin *apis*, abeille.

AVALUER, mettre en valeur, donner du prix, augmenter la valeur.

BAILLER, donner.

CEST, *ceste, cest-là, ceste-là, ceste-ci cestui ;* ce, cet, cette, celui-là, celle-là, celui.

CHEVANCE, domaine, biens ; — fortune que chacun a de son chef.

CHEVIR, être ou se rendre maître, dompter.

COUSTAU, coteau.

CUIDANT, *cuider ;* du latin *cogitare*, penser, croire, s'imaginer.

DESCHEUTE, déchet, perte.

DESSEIGNER, DESSINER ; — prendre résolution, avoir intention, avoir le dessein de.

DESTRAC, dérangement, détérioration, désordre.

DUIT, DUITE, convenable, profitable, séant.

EMBOMSER, épargner.

FRÈS, frais, dépense.

GUERDONNER, récompenser.

JOMBARBE, joubarbe.

LIEU, livre, section, division.

MANDE, manne, grand panier d'osier, mannequin.

MARGOUTE, marcotte.

MARRER, labourer les vignes à la *marre.*

MARRISSON, détriment, dommage, chagrin, regret.

MAUGRÉ, malgré.

MÉLIOREMENT, amélioration.

MESLINGE, mélange.

MESNAGER, conduire, gérer, administrer les affaires ; — disposer de l'emploi des terres, les façonner ; — gouverner, conduire, diriger les travaux, une opération quelconque ; — opérer, travailler.

MUNDE, pur.

OFFICE, devoir, fonctions ; — ce que chacun a à faire.

OIGNER, flatter.

PASQUIS, pâturages.

POINDRE, piquer ; du latin *pungere*, commencer à paroître.

PRIX-FACHIER, homme qui travaille à prix fait.

PROVIDENT, prévoyant.

REDARGUER, blâmer, reprocher, réprimander ; du latin *redarguere*.

RIOTEUX, querelleur, railleur, difficile à vivre.

TREUVER, trouver.

VARAIRE, *véraire* ; ellébore blanc (*veratrum album*).

VERGONGNE, honte.

VILLOTIER, qui s'amuse à la ville au lieu de travailler ; — qui court les filles.

Niort. — Typographie de L. FAVRE.

TABLE DES MATIÈRES.

www.ingramcontent.com/pod-product-compliance
Lightning Source LLC
Chambersburg PA
CBHW071518200326

41519CB00019B/5981